# UNSERE ÄLTESTEN BÄUME

NATURDENKMÄLER AUS ALLER WELT

# UNSERE ÄLTESTEN BÄUME

Anna Lewington
Edward Parker

KOSMOS

Erstmals veröffentlicht unter dem Titel
*Ancient Trees*
Von Collins & Brown Limited



Umschlaggestaltung von eStudio Calamar, Pau,
unter Verwendung von 5 Farbfotos von E. Parker

Bibliografische Information Der Deutschen Bibliothek
Die Deutsche Bibliothek verzeichnet diese Publikation in der Deutschen Nationalbibliografie; detaillierte bibliografische Daten sind im Internet über http://dnb.ddb.de abrufbar.

Gedruckt auf chlorfrei gebleichtem Papier




ISBN-13: 978-3-440-10382-1
ISBN-10: 3-440-10382-X
Projektleitung: Dr. Stefan Raps
Produktion: Johannes Geyer
Printed in Singapore / Imprimé à Singapour

# INHALT

# EINFÜHRUNG

*„Von all den verschiedenen Lebewesen und Dingen, mit denen die Natur die Oberfläche der Erde geschmückt hat, spricht keines unser Gefühl, unser Interesse und unsere Phantasie so sehr an wie jene altehrwürdigen Bäume, die den Eindruck erwecken, schon endlos lange an ihrem Platz zu stehen, schweigende Beobachter unzähliger Generationen von Menschen, deren Schicksal sich in ihrem eigenen so ergreifend widerspiegelt, in ihrem Entstehen, ihrem kraftvollen Leben und ihrem Vergehen.“*

JOHN MUIR, 1868

DIE RECHERCHEN ZU DIESEM BUCH FÜHRTEN UNS auf eine Entdeckungsreise, nicht nur rund um die Welt, sondern auch durch die Zeiten. Wir sind auf Riesen gestoßen, deren enorme Stämme aufragen wie Kathedralen. Wir haben inmitten von knorrigen, dürren Bäumen gestanden, die schon lange existierten, als im Alten Ägypten die Pyramiden gebaut wurden, und die in einer trostlosen, seit 20 000 Jahren praktisch unveränderten Landschaft die Zeiten überdauerten. Wir spürten die stille Kraft einiger der ältesten und größten Lebewesen der Erde und begannen die Scheu und Verehrung zu verstehen, die ihnen in der Vergangenheit von vielen Völkern entgegengebracht wurden. Angesichts dieser uralten Giganten fühlten wir uns unweigerlich an die Vergänglichkeit unseres eigenen menschlichen Lebens erinnert; es war unmöglich, nicht daran zu denken, dass wir Teil eines natürlichen Kreislaufs sind, der so gewaltig ist, dass er sich dem menschlichen Verständnis fast entzieht.

UNTEN

*Viele alte Bäume mussten sich an schwierige Umweltbedingungen anpassen. Diese Eibe hat ihre Wurzeln über einen blanken Felsen ausgebreitet.*

Als wir dieses Projekt begannen, wollten wir etwa 24 Arten von Bäumen aufnehmen, die über 1000 Jahre alt werden können. Im Verlauf unserer Recherchen entdeckten wir jedoch ständig weitere Exemplare, überall auf der Welt. Unsere Liste ist inzwischen auf fast 100 Arten angewachsen und immer noch nicht abgeschlossen. Erstaunlich fanden wir, dass die alten Bäume auf allen Kontinenten außer der Antarktis vorkommen und dass sich viele gar nicht weit von Millionen von Menschen befinden, sei es nun in Städten oder auf dem Land. Tausendjährige Bäume gibt es z. B. in der chinesischen Hauptstadt Peking, vier Autostunden von Los Angeles entfernt, am Stadtrand von London und ganz in der Nähe der größten Stadt des Amazonas-Regenwaldes, Manaus. Wie schön ist es doch, dass durch diese weite Verbreitung viele von uns in der Lage sind, solche alten Bäume zu besuchen, ohne erst um die halbe Welt reisen zu müssen!

Während wir gerade die Schwelle zum dritten Jahrtausend nach Christi Geburt überschritten haben, hat für einige der ältesten und imposantesten Bewohner unseres Planeten schon das vierte, fünfte, sechste oder gar siebente Jahrtausend ihres Lebens begonnen. In den White Mountains in Kalifornien nähern sich einige Grannenkiefern *(Pinus longaeva)* der 5000-Jahr-Schwelle. In Europa gibt es altehrwürdige Ölbäume *(Olea europaea)*, die mit ziemlicher Sicherheit den Beginn des christlichen Zeitalters miterlebt haben. Die großen Wälder aus Libanonzedern *(Cedrus libani)* lieferten das Holz zum Bau von König Salomos Tempel im 10. Jahrhundert v. Chr. Im Westen Englands gibt es eine Winterlinde *(Tilia cordata)*, die schon ihren 6000. Geburtstag gefeiert hat, während eine Eibe *(Taxus baccata)* im schottischen Fortingall sogar unglaubliche 9000 Jahre alt sein könnte.

OBEN
*Ein mächtiger Baobab ragt im südafrikanischen Krüger-Nationalpark aus der Savanne empor.*

## DIE LANGLEBIGKEIT VON BÄUMEN

Niemand weiß, welcher Baum wirklich der älteste der Welt ist oder wie viele Baumgattungen und -arten Individuen hervorbringen, die über 1000 Jahre alt werden können. Die genaue Bestimmung des Alters von Bäumen ist den Worten des britischen Forstwissenschaftlers und Dendrologen John White zufolge eine „neue Wissenschaft". Über das Alter einzelner Bäume lassen sich daher die kühnsten Spekulationen anstellen, wo es keine handfesten Anhaltspunkte gibt. Der französische Botaniker Michel Adanson (1727–1806), nach dem die riesigen Baobabs (*Adansonia* sp.) benannt wurden, sorgte weltweit für Aufregung, als er das Alter eines afrikanischen Baumriesen auf 6000 Jahre schätzte, was dazu führte, dass der Zeitpunkt der biblischen Sintflut infrage gestellt wurde. Heute scheint es jedoch, als hätte er mit seinen Berechnungen gar nicht so weit danebengelegen.

Mit Sicherheit können wir sagen, dass die ältesten Bäume unter den verschiedensten Umweltbedingungen vorkommen, vom gemäßigten Klima in England oder Neuseeland bis zur extremen tropischen Hitze des Amazonas-Regenwaldes. Bei einigen Baumarten, etwa der Grannenkiefer, scheinen sich unwirtliche Bedingungen (wie z. B. sehr tiefe Temperaturen, große Höhe und Trockenheit) sogar förderlich auf die Langlebigkeit auszuwirken.

Wir haben auch festgestellt, dass Bäume auf unterschiedliche Weise 1000 Jahre und älter werden können. In einigen Fällen scheint dies auf die Umweltbedingungen am Standort zurückzuführen zu sein, in anderen hat es erstaunlicherweise mit dem Eingreifen des Menschen zu tun. Letzteres gilt z. B. für Exemplare von Ölbaum *(Olea europaea)*, Edelkastanie *(Castanea sativa)*, Eiche (*Quercus* spp.) und Linde (*Tilia* spp.), die über lange Zeiträume hinweg regelmäßig geköpft oder gestutzt wurden. Der Hilfe des Menschen verdankt auch der berühmte Bobaum *(Ficus religiosa)* in Anuradhapura auf der Insel Sri Lanka sein langes Leben. Er wurde im Jahr 288 v. Chr. in einem Tempelgarten gepflanzt und seitdem sorgfältig gepflegt.

Es gibt verschiedene Anwärter auf den Titel der langlebigsten Baumart der Welt. Die meisten Fachleute sind sich jedoch darin einig, dass die Altersschätzungen bei einigen davon doch stark übertrieben waren. Interessanterweise sind viele der Kandidaten Ko-

OBEN

*Die enorme Silton-Eiche in der Grafschaft Dorset erinnert daran, dass England früher zu weiten Teilen von Wald bedeckt war.*

niferen, darunter die Eibe, die Grannenkiefer und – leider nicht im Buch vertreten – die Japanische Sicheltanne *(Cryptomeria japonica)* und die Harzeibe *(Dacrydium franklinii)*. Auch einige Sträucher sind extrem langlebig (und den Bäumen vielleicht sogar überlegen), so z. B. der Kreosotstrauch (*Larrea* sp.) aus der kalifornischen Mojavewüste (über 11 000 Jahre alt) und eine Art Stechpalmenstrauch aus Tasmanien *(Lomatia tasmanica)*.

Das Hauptproblem bei der Identifizierung der ältesten Bäume der Welt besteht darin, dass es keine völlig sichere Methode gibt, das Alter von vielen der ältesten Exemplare zu bestimmen. Die am häufigsten angewendeten Verfahren sind das Zählen der Jahresringe und die Radiokohlenstoffdatierung, bei der aus dem ältesten Teil des Baumes entnommenes Material untersucht wird. In beiden Fällen wird der Baum jedoch mehr oder weniger stark beschädigt, wenn eine Materialprobe für die Analyse entnommen wird. Dazu kommt, dass viele Bäume mit zunehmendem Alter hohl werden,

LINKS

*Das Alter von Bäumen mit gut erkennbaren Jahresringen, wie sie dieser Küstenmammutbaum aufweist, kann in der Regel genau festgestellt werden.*

sodass beide Methoden nicht mehr anwendbar sind. Selbst das relativ einfache Zählen der Jahresringe ist nicht so sicher, wie es vielleicht scheint, da die Ringe oft ungleichmäßig ausgebildet sind und in manchen Jahren oder unter bestimmten Bedingungen überhaupt keine gebildet werden. Einige Bäume, wie z. B. die Eibe, scheinen in bestimmten Phasen ihres Lebens das Wachstum einzustellen (oder bestimmte Teile des Baumes hören auf zu wachsen), beginnen dann aber wieder damit, was zu nur teilweise ausgebildeten oder unregelmäßigen Ringfolgen in bestimmten Teilen des Baumes führt.

Baumexperten aus verschiedenen Ländern, darunter auch John White, arbeiten derzeit an der Verfeinerung der Verfahren und an der Entwicklung neuer Techniken zur Altersbestimmung von Bäumen. White misst bei seiner Methode u.a. den Umfang des Baumstammes in einer festgelegten Entfernung vom Boden (in der Regel 1,30 m) und vergleicht dieses Maß mit denen anderer Stämme an ähnlichen Standorten. Dazu können auch schon gefällte Stämme herangezogen werden. Liegen genügend Daten zur Wachstumsrate vieler Exemplare einer bestimmten Baumart vor, kann ein Modell geschaffen werden, das die Zunahme des Durchmessers während der normalerweise drei voneinander unterscheidbaren Wachstumsphasen des Baumes verdeutlicht. Vor kurzem konnte so bewiesen werden, dass entgegen früheren Annahmen über einen langen Zeitraum ausgebildete Jahresringe nicht einheitlich groß sind, dass die Ringe im Alter sehr klein werden können bzw. in Jahren mit schlechten Wachstumsbedingungen manchmal auch gar nicht gebildet werden. Diese Methode der Altersbestimmung liefert exakte Ergebnisse, wenn es genügend Daten über Jahresringe bei einer bestimmten Baumart gibt, für relativ unbekannte Arten ist sie ungeeignet.

Immer wieder gibt es für die Experten überraschende Entdeckungen. So wurde z. B. durch Radiokohlenstoffdatierung gefällter Exemplare erst kürzlich festgestellt, dass es im Amazonasgebiet mindestens vier Baumarten gibt, die weit über 1000 Jahre alt

GEGENÜBERLIEGENDE SEITE

*Riesige Mammutbaumstämme mit ihrer charakteristischen rötlichen Rinde bilden Wälder, die auf uns wie lebende Kathedralen wirken.*

werden können: Castanha de macaco *(Cariniana micrantha)*, Cumaru *(Dipteryx odorata)*, Angelim da mata (*Hymenolobium* spp.) und Maçaranduba *(Manilkara huberi)*.

Auch die Entdeckung der Wollemi Pine *(Wollemia nobilis)* in einer tiefen Schlucht in der Nähe von Sydney hat die Botaniker in Erstaunen versetzt. Das älteste Exemplar wird auf weit über 1000 Jahre geschätzt. Die Bäume weisen eine große Ähnlichkeit mit fossilen Überresten einer ausgestorbenen Gattung der Araukarienfamilie auf, deren Alter auf mindestens 100 Millionen Jahre geschätzt wird. Carrick Chambers, der Direktor des Botanischen Gartens in Sydney, verglich die Entdeckung mit dem Auffinden „eines kleinen noch lebenden Dinosauriers". Da die Bäume in der Lage sind, sich durch Abwerfen der Krone zu klonen, könnte ihre Art eine der langlebigsten auf unserem Planeten sein.

Wie faszinierend diese Entdeckungen und Debatten aber auch sein mögen, sie sind nicht Gegenstand dieses Buches. Wir wollen weder den ältesten Baum der Erde identifizieren noch einen vollständigen Überblick über alle alten Bäume geben, sondern einige Baumarten vorstellen, von denen einzelne Exemplare zur Jahrtausendwende mindestens 1000 Jahre alt waren.

## GEGENSTAND DER VEREHRUNG

Schon in frühester Zeit übten Bäume eine besondere Faszination auf die Menschen aus. Damals waren noch viele Teile der Welt von riesigen Wäldern bedeckt, von denen heute vielerorts nur noch spärliche Reste übrig sind. Diese ursprünglichen Wälder boten unseren Vorfahren Schutz und Nahrung, Heilmittel und andere lebenswichtige Ressourcen, doch viele der Bäume bedeuteten ihnen mehr. Diese größten und am schwersten zu besiegenden Lebewesen haben ganz sicher dazu beigetragen, das Bewusstsein der Menschen zu prägen (und nicht nur ihre materiellen Bedürfnisse zu befriedigen), als diese versuchten, ihre Welt zu verstehen.

Es ist nicht schwer sich vorzustellen, wie es dazu kam, dass einige der größten und ältesten Bäume der Welt mit ihren gewaltig aufragenden, aber fest in der Erde verankerten Stämmen, mit ihren Ästen, die den Himmel zu berühren schienen, und nicht zuletzt ihrer Lebensdauer, die jene der menschlichen Wesen bei weitem übertraf, den Ruf der Unsterblichkeit erlangten und für die Menschen einen besonderen Platz in der Weltordnung einnahmen. Sie schienen in gewisser Weise verbunden mit den Kräften, die den Lauf der Welt bestimmten, und in der Lage, das Leben der Menschen direkt zu beeinflussen.

Überall auf der Welt waren und sind für viele auch heute noch einzelne, langsam wachsende Baumriesen Gegenstand einer tiefen, oft religiösen Verehrung, die sie zu heiligen Wesen macht und von anderen Bäumen abhebt. Eine solche Verehrung wurde in längst vergangenen Zeiten offenbar auch einer der langlebigsten Baumarten Europas zuteil, der Eibe. Die mysteriöse Fähigkeit dieses Baumes, das Stadium offensichtlichen Verfalls durch erneute Verjüngung zu überwinden, und die hochgiftigen, aber immergrünen Blätter trugen dazu bei, dass die Eibe den Ruf der Unsterblichkeit erlangte und Mittelpunkt eines mit dem Leben nach dem Tod verbundenen heiligen Kultes wurde. Das heute noch sichtbarste Zeichen dafür ist die große Zahl alter Eiben, die Friedhöfen in ganz Nordeuropa eine eindrucksvolle, mystische Aura verleihen.

Auch die gewaltigen europäischen Eichen (*Quercus robur* und *Q. petraea*) und Linden (vor allem *Tilia cordata* und *T. platyphyllos*) wurden als heilig angesehen – die Eichen waren mit den nordischen und germanischen Göttern des Donners und des Blitzes verbunden, die Linden standen für Fruchtbarkeit. Den mit diesen Bäumen assoziierten übernatürlichen Wesen wurden Opfer dargebracht, mit denen man das irdische Leben der Menschen zu beeinflussen hoffte. Bekanntes Beispiel für ein europäisches Volk, dessen Leben von Bäumen und den Kräften, die man damit verbunden glaubte, beherrscht wurde, waren die Kelten. Der römische Geschichtsschreiber Publius Cornelius Tacitus (ca. 55–120) beschrieb den Brauch dieses außerhalb des Römischen Reiches lebenden Volkes, Haine zu weihen und auf Waldlichtungen Kultstätten einzurichten:

„Sie betrachten es als unvereinbar mit der Majestät der himmlischen Wesen, die Götter durch Mauern einzuengen oder sie sich mit menschlichem Antlitz vorzustellen; sie weihen ihnen Haine und Dickichte, und sie nennen jenes mysteriöse Etwas Gott, das nur für das Auge des Glaubens sichtbar ist."

OBEN
*Der 1100 Jahre alte Ginkgobaum im Yon-Mun-Tempel in der Nähe von Seoul, Südkorea, mit seinem leuchtend gelben Laub.*

Diesen Glauben an die heilige Macht oder die mystischen Kräfte von Bäumen gibt es bis heute, selbst in vielen mittlerweile urbanisierten Gesellschaften. Man muss nur etwas genauer hinschauen. So ist der in der westlichen Welt verbreitete Ausdruck „auf Holz klopfen" nach den Worten von Jacqueline Memory Paterson, der Autorin von *Tree Wisdom*, „in direkter Linie zurückzuverfolgen auf die Handlungen unserer keltischen Vorfahren, die in Zeiten der Not bestimmte Bäume aufsuchten, sie berührten und mit ihnen kommunizierten. Sie glaubten, dass diese Bäume übernatürliche Wesen beherbergten, wie z. B. die Geister der verschiedenen Elemente oder auch Götter und Göttinnen."

Für viele ethnische Gruppen auf der Welt, denen es gelungen ist, ihre kulturellen Traditionen (zumindest zum Teil) zu bewahren, sind Bäume auch heute noch sowohl praktischer als auch spiritueller Mittelpunkt ihres Lebens. Ein Beispiel dafür sind die Pehuenche-Indianer in Südmittelchile. Name und Identität dieses Volkes wurden geprägt durch die Andentanne oder Chilenische Araukarie *(Araucaria araucana)*, in deren Schutz es seit alters her lebt. Pehuenche bedeutet „Menschen der Araukarie", der Baum ist ihnen heilig, und ihre Ernährung beruht noch heute auf den nahrhaften Samen des Baumes. Araukarien können bis zu 2000 Jahren alt werden. Sie bedeckten einst eine viel größere Fläche der südlichen Hemisphäre. Die Pehuenche kämpfen seit Jahren darum, die Wälder ihrer Ahnen vor dem Einschlag durch internationale Holzkonzerne zu schützen, leider mit wenig Erfolg.

In Nordamerika bietet der fortgesetzte Einschlag von Douglastannen *(Pseudotsuga menziesii)* – von denen einige sogar höher als die Küstenmammutbäume *(Sequoia sempervirens)* und möglicherweise älter als die Riesenmammutbäume *(Sequoiadendron giganteum)* werden – Grund zur Sorge. Die Öffentlichkeit ist auch alarmiert durch die Abholzung von Küstenmammutbäumen, die einst eine große Bedeutung für eine Reihe nordamerikanischer Indianerstämme hatten. Die Proteste machen deutlich, dass es für viele Menschen unbegreiflich ist, warum die Zerstörung dieser wunderbaren alten Bäume nicht gestoppt wird, zumal die Mammutbaumwälder nur noch fünf Prozent ihrer ursprünglichen Fläche bedecken. Glücklicherweise wurde vor kurzem ein Teil des am besten erhaltenen Bestandes vor dem Kompletteinschlag gerettet – Ergebnis einer Auseinandersetzung, die zehn Jahre dauerte und mindestens einen Naturfreund das Leben kostete.

In anderen Regionen bietet die traditionelle Ehrfurcht, die das Verhältnis ganzer Völker zu einigen Baumarten bestimmte, diesen nach wie vor einen gewissen Schutz. So steht der Banyanbaum *(Ficus benghalensis)* in Indien unter Schutz, nicht nur weil er seit langer Zeit als heilig gilt, sondern auch, weil sein Schatten sehr geschätzt wird. Die Nutzung von Banyanbäumen unterliegt strengen Bestimmungen, die religiöse wie praktische Aspekte berücksichtigen: So dürfen einige Bäume an Routen, die regelmäßig von Transportelefanten abgelaufen werden, zur Fütterung verwendet werden. Ähnliche Wertschätzung wird dem Bobaum *(Ficus religiosa)* entgegengebracht, dem in Indien, Sri Lanka und Teilen Südostasiens heiligen Feigenbaum. Da Buddha unter einem solchen Baum erleuchtet worden sein soll, ist er für Buddhisten der wichtigste aller Bäume. Der wunderschöne Ginkgobaum *(Ginkgo biloba)* gedeiht in China und Korea in Tempelgärten, in denen er traditionell von buddhistischen und anderen Mönchen gepflanzt wurde. In der freien Natur ist er dagegen so gut wie ausgestorben.

Der große praktische und ganz weltliche Nutzen, den Menschen rund um den Erdball aus ihren alten Bäumen gezogen haben, lässt sich anhand der Baobabs und Boabbäume in Afrika und Australien illustrieren. Die hohlen Stämme uralter Exemplare wurden dort ganz unterschiedlich genutzt, etwa als Gefängnisse, Lagerräume, Toiletten und sogar Kneipen! Obwohl sich diese Nutzung sicher nicht günstig auf ihre Langlebigkeit ausgewirkt hat, haben sie überleben können.

## INSPIRATION FÜR LITERATUR UND KUNST

Alte Bäume waren schon immer eine Quelle der Inspiration für Dichter, Maler und Schriftsteller. So beschreibt William Wordsworth (1770–1850) in seinen Gedichten *The Pride of Lorton Vale* und *The Fraternal Four* alte Eiben. Vincent Van Gogh (1853–1890) ließ sich von Farbspiel und Struktur der Ölbäume in der Provence gleichermaßen inspirieren wie ablenken. Thomas Jefferson (1743–1826) schrieb: „Der Ölbaum ist ganz sicher das wertvollste Geschenk des Himmels", während Aldous Huxley (1894–1963) seine Gefühle wie folgt ausdrückte: „Ich mag sie alle, vor allem jedoch den Ölbaum. Hauptsächlich dafür, was er symbolisiert – Frieden mit seinen Zweigen und Genuss mit seinem goldenen Öl." William Blake fasste seine Leidenschaft für Bäume in einem 1799 erschienenen Werk zusammen. Darin heißt es:

„Der Baum, der manche zu Freudentränen rührt, ist für andere nur ein grünes Ding, das im Weg steht. Einige sehen in der Natur nur Lächerlichkeit und Deformation … und einige sehen die Natur überhaupt nicht. Doch in den Augen des phantasiebegabten Menschen ist die Natur die Verkörperung der Phantasie."

Überall auf der Welt spielen Bäume eine wichtige Rolle in Mythen und Legenden – z. B. in der Maori-Geschichte von der Kaurifichte und dem Wal (s. S. 143). Diese mündlich überlieferten traditionellen Texte besitzen oft natürlichen poetischen Reiz und eine subtile Metrik.

GEGENÜBERLIEGENDE SEITE
*Von den einst ausgedehnten Wäldern aus Libanonzedern sind nur noch wenige Überreste geblieben – Verpflichtung für uns, solche uralten Naturschätze zu schützen.*

## UNSER ALTES LEBENDIGES ERBE

Ungeachtet der Diskussionen unter Fachleuten über das exakte Alter unserer langlebigsten Bäume und trotz oder vielleicht gerade wegen des fortgesetzten Wütens der Holzfäller in einigen Teilen der Welt kommen immer mehr Menschen aus den unterschiedlichsten Schichten zu der Erkenntnis, dass unser altes lebendiges Erbe geschützt und gerettet werden muss.

In Großbritannien – das sich rühmen kann, mehr alte und sehr alte Bäume zu haben als jedes andere Land in Nordwesteuropa – hat dieses neu erwachte Interesse zur Gründung verschiedener Initiativen geführt. Das *Tree Register for the British Isles* führt genau Buch über die ältesten Bäume des Landes und erarbeitet eine entsprechende Datenbank. Daneben gibt es die Veteran Tree Initiative, die als „veteran trees" jene Bäume bezeichnet, die „auf Grund ihres hohen Alters, ihrer Größe oder ihres Zustandes für Kultur, Landschaft und wild lebende Tiere von allergrößtem Wert sind". Diese Initiative hat sich die Erhaltung möglichst aller Baumveteranen für zukünftige Generationen auf die Fahnen geschrieben. Zur Feier der Jahrtausendwende wurden auch viele neue Bäume gepflanzt.

Der Kampf um die Wälder wird mittlerweile rund um den Erdball geführt, von Chile bis Bhutan. Auf internationaler Ebene streitet der World Wide Fund for Nature (WWF) mit seiner Kampagne „Forests for Life" aktiv für den Schutz der natürlichen Wälder der Erde. Ein Ergebnis dieser Kampagne ist, dass sich zahlreiche Regierungen von Brasilien bis Thailand überzeugen ließen, große Waldgebiete unter Schutz zu stellen und damit einen Beitrag zur Erhaltung der globalen Artenvielfalt zu leisten. Diese Wälder können somit auch ihre wichtigen ökologischen Funktionen weiter erfüllen, z. B. Schutz vor Überschwemmungen, Absorption von Kohlendioxid und lokale Klimaregulierung. Die Kampagne „Forests for Life" hat das vorliegende Buch von Beginn an unterstützt.

Die Jahrtausendwende hat dazu geführt, dass wir uns in vielerlei Hinsicht wieder auf unsere Vorfahren aus alter Zeit besinnen und Verbindungen zu ihnen herstellen. Dazu gehört auch die Wiederentdeckung der Achtung und Verehrung für Wälder und altehrwürdige Baumriesen. In einer zunehmend von ständiger Veränderung beherrschten Welt stellen diese Veteranen eine konkrete Verbindung zu unserer Vergangenheit dar und erinnern uns an das außergewöhnliche Alter und die große Schönheit des Lebens auf der Erde. In diesem Sinne soll dieses Buch einige der ältesten Bäume der Welt würdigen.

# ALTE BÄUME DER WELT

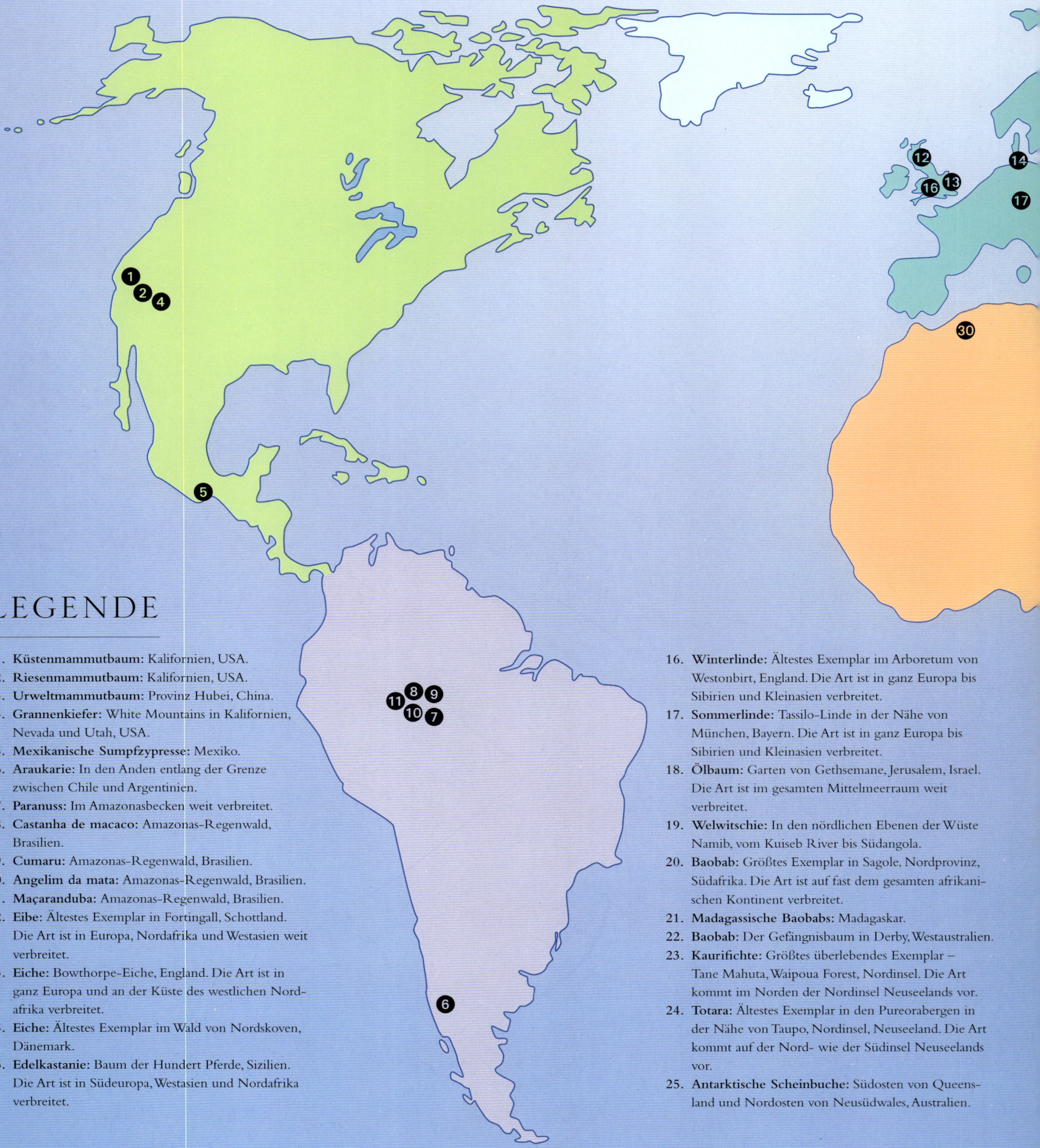


## LEGENDE

1. **Küstenmammutbaum:** Kalifornien, USA.
2. **Riesenmammutbaum:** Kalifornien, USA.
3. **Urweltmammutbaum:** Provinz Hubei, China.
4. **Grannenkiefer:** White Mountains in Kalifornien, Nevada und Utah, USA.
5. **Mexikanische Sumpfzypresse:** Mexiko.
6. **Araukarie:** In den Anden entlang der Grenze zwischen Chile und Argentinien.
7. **Paranuss:** Im Amazonasbecken weit verbreitet.
8. **Castanha de macaco:** Amazonas-Regenwald, Brasilien.
9. **Cumaru:** Amazonas-Regenwald, Brasilien.
10. **Angelim da mata:** Amazonas-Regenwald, Brasilien.
11. **Maçaranduba:** Amazonas-Regenwald, Brasilien.
12. **Eibe:** Ältestes Exemplar in Fortingall, Schottland. Die Art ist in Europa, Nordafrika und Westasien weit verbreitet.
13. **Eiche:** Bowthorpe-Eiche, England. Die Art ist in ganz Europa und an der Küste des westlichen Nordafrika verbreitet.
14. **Eiche:** Ältestes Exemplar im Wald von Nordskoven, Dänemark.
15. **Edelkastanie:** Baum der Hundert Pferde, Sizilien. Die Art ist in Südeuropa, Westasien und Nordafrika verbreitet.
16. **Winterlinde:** Ältestes Exemplar im Arboretum von Westonbirt, England. Die Art ist in ganz Europa bis Sibirien und Kleinasien verbreitet.
17. **Sommerlinde:** Tassilo-Linde in der Nähe von München, Bayern. Die Art ist in ganz Europa bis Sibirien und Kleinasien verbreitet.
18. **Ölbaum:** Garten von Gethsemane, Jerusalem, Israel. Die Art ist im gesamten Mittelmeerraum weit verbreitet.
19. **Welwitschie:** In den nördlichen Ebenen der Wüste Namib, vom Kuiseb River bis Südangola.
20. **Baobab:** Größtes Exemplar in Sagole, Nordprovinz, Südafrika. Die Art ist auf fast dem gesamten afrikanischen Kontinent verbreitet.
21. **Madagassische Baobabs:** Madagaskar.
22. **Baobab:** Der Gefängnisbaum in Derby, Westaustralien.
23. **Kaurifichte:** Größtes überlebendes Exemplar – Tane Mahuta, Waipoua Forest, Nordinsel. Die Art kommt im Norden der Nordinsel Neuseelands vor.
24. **Totara:** Ältestes Exemplar in den Pureorabergen in der Nähe von Taupo, Nordinsel, Neuseeland. Die Art kommt auf der Nord- wie der Südinsel Neuseelands vor.
25. **Antarktische Scheinbuche:** Südosten von Queensland und Nordosten von Neusüdwales, Australien.

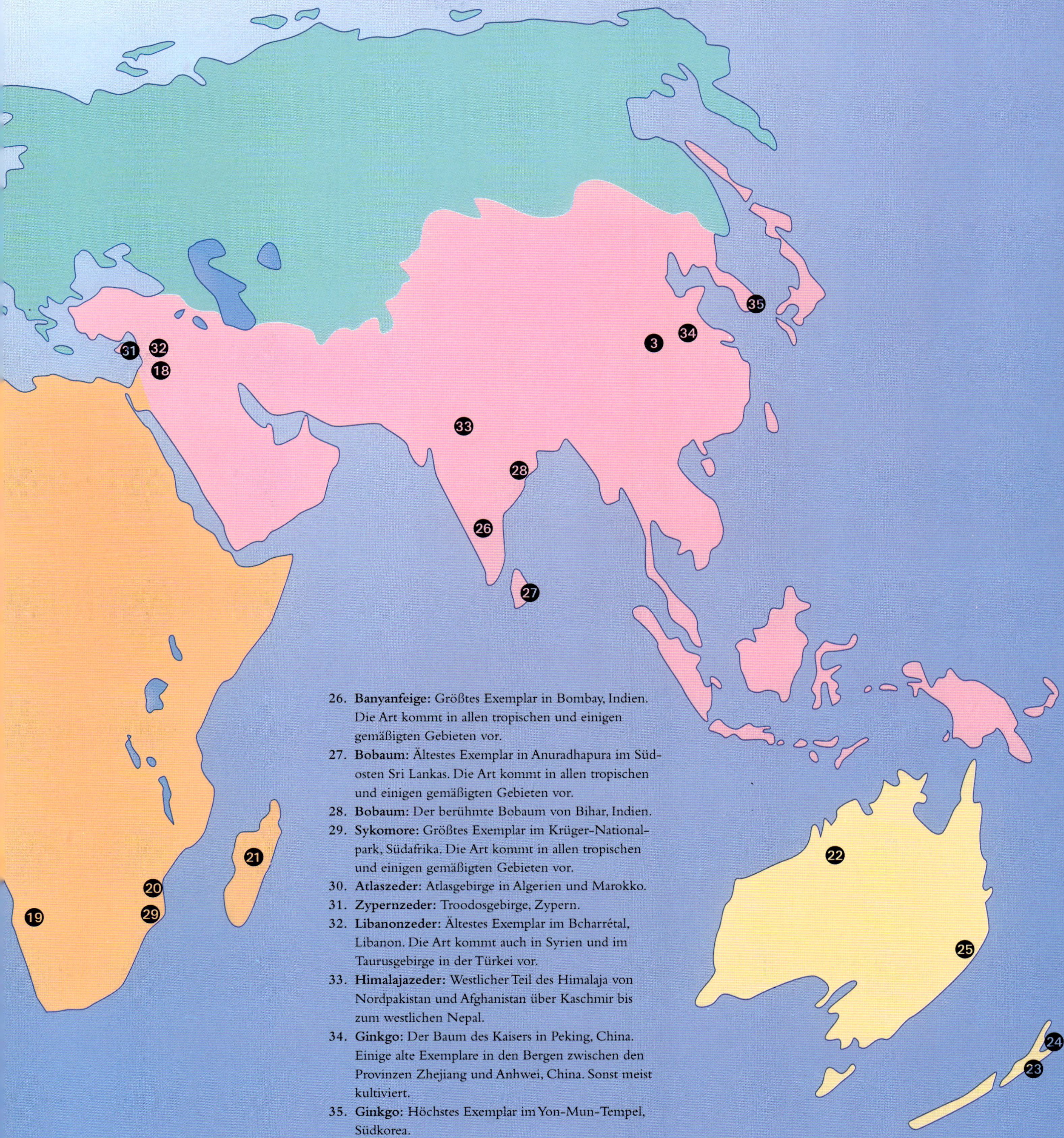


26. **Banyanfeige:** Größtes Exemplar in Bombay, Indien. Die Art kommt in allen tropischen und einigen gemäßigten Gebieten vor.
27. **Bobaum:** Ältestes Exemplar in Anuradhapura im Südosten Sri Lankas. Die Art kommt in allen tropischen und einigen gemäßigten Gebieten vor.
28. **Bobaum:** Der berühmte Bobaum von Bihar, Indien.
29. **Sykomore:** Größtes Exemplar im Krüger-Nationalpark, Südafrika. Die Art kommt in allen tropischen und einigen gemäßigten Gebieten vor.
30. **Atlaszeder:** Atlasgebirge in Algerien und Marokko.
31. **Zypernzeder:** Troodosgebirge, Zypern.
32. **Libanonzeder:** Ältestes Exemplar im Bcharrétal, Libanon. Die Art kommt auch in Syrien und im Taurusgebirge in der Türkei vor.
33. **Himalajazeder:** Westlicher Teil des Himalaja von Nordpakistan und Afghanistan über Kaschmir bis zum westlichen Nepal.
34. **Ginkgo:** Der Baum des Kaisers in Peking, China. Einige alte Exemplare in den Bergen zwischen den Provinzen Zhejiang und Anhwei, China. Sonst meist kultiviert.
35. **Ginkgo:** Höchstes Exemplar im Yon-Mun-Tempel, Südkorea.

# MAMMUTBAUM

## *Der Phönix-Baum*

BOTANISCHE NAMEN

*Sequoia sempervirens* (Küstenmammutbaum), *Sequoiadendron giganteum* (Riesenmammutbaum) und *Metasequoia glyptostroboides* (Urweltmammutbaum)

•

VERBREITUNG

Kalifornien, USA, und Provinz Hubei, China.

•

ÄLTESTES LEBENDES EXEMPLAR

Der Riesenmammutbaum General Sherman hat ein geschätztes Alter von 2700 Jahren.

•

RELIGIÖSE BEDEUTUNG

Die amerikanischen Mammutbäume werden von den an der Pazifikküste von Kalifornien und Oregon lebenden Tolawa als heilig verehrt.

•

GEFÄHRDUNGSSTATUS

Der Riesenmammutbaum wird auf der Internationalen Roten Liste für Bäume als „Gefährdet“ eingestuft, der Urweltmammutbaum gilt als „Stark gefährdet“.

STELLEN SIE SICH VOR, Sie stehen in einem Wald von Riesen und glauben, dass jedem Lebewesen ein Geist innewohnt. Stellen Sie sich vor, Sie schauen auf zu den Wipfeln der Mammutbäume, die sich etwa 90 Meter über Ihrem Kopf wiegen und deren oberste Äste im nebligen Dunst verschwinden. Stellen Sie sich vor, Sie glauben, der höchste Schöpfer habe alle anderen Lebewesen unter dem ersten Mammutbaum geschaffen und die Mammutbäume seien die Hüter der Flüsse, die Ihnen Nahrung geben, und damit gleichzeitig die Hüter Ihres Lebens und Ihrer Kultur. Für die meisten von uns ist es sicher schwierig, in vollem Maße die Ehrfurcht nachzuvollziehen, die viele Ureinwohner Amerikas angesichts dieser gewaltigen Bäume fühlten. Doch dieses Gefühl und dieser Glaube prägten z. B. das Weltbild der Tolawa, die an der Pazifikküste von Kalifornien und Oregon leben, schon tausende von Jahren vor der Ankunft der ersten Europäer.

Der Küstenmammutbaum *(Sequoia sempervirens)*, der heute an der kalifornischen Pazifikküste wächst, ist ein Überlebender jener Wälder, die vor 140 Millionen Jahren den Großteil der nördlichen Hemisphäre bedeckten. Er ist eine von drei Mammutbaumarten, die sich in kleine, isolierte Gebiete mit speziellen klimatischen Bedingungen zurückzogen, als sich das globale Klima veränderte. Der Riesenmammutbaum *(Sequoiadendron giganteum)* kommt nur noch an den Westhängen der Sierra Nevada in Kalifornien vor, während der Urweltmammutbaum *(Metasequoia glyptostroboides)* nur in einer entlegenen Gegend in China wächst.

UNTEN

*Blick auf einen Teil des Redwood-Nationalparks an der Pazifikküste im Norden Kaliforniens.*

## DER KÜSTEN-MAMMUTBAUM

Der Küstenmammutbaum, der auch als Küstensequoie oder Redwood bezeichnet wird, ist trotz seiner Höhe von über 90 m schlank und elegant. Der höchste lebende Baum der Welt ist ein Küstenmammutbaum, der den Namen Tall Tree trägt und im Redwood-Nationalpark in Nordkalifornien steht. Sein Alter wird auf mehr als 1500 Jahre geschätzt, und seine Höhe wurde 1990 mit 112 m gemessen.

Die Redwoodwälder bilden einen mehrfach unterbrochenen Gürtel von ca. 800 km Länge, der sich an der Küste Nordkalifor-

OBEN

*Die Basis des eleganten Stammes von Tall Tree, dem mit 112 m höchsten Küstenmammutbaum der Welt.*

niens und Südoregons entlangzieht. Die Wälder sind nie weit vom Meer entfernt, die größte Entfernung eines Bestandes von der Küste (im Napa County) beträgt gerade einmal 48 km. Ein Großteil der riesigen Wälder wurde in der Vergangenheit abgeholzt und trotz massiver Proteste werden auch heute noch große und alte Bäume gefällt.

Küstenmammutbäume gedeihen am besten an Standorten mit mildem Klima, die vor Wind und salzigem Gischt geschützt sind. Die höchsten Exemplare wachsen in Uferbereichen von Bächen und Flüssen, die regelmäßig überschwemmt werden. Es sind jedoch vor allem die große Regenmenge – mehr als 178 cm pro Jahr – und die Sommernebel, die den Bäumen geholfen haben, in ihrem Refugium so lange zu überleben. Der Nebel spielt eine besonders wichtige Rolle. Er ermöglicht es den Bäumen, so hoch zu werden, da die im Nebel enthaltene Feuchtigkeit an den obersten Zweigen kondensiert. Deshalb braucht der Baum das Wasser von den Wurzeln nicht bis ganz nach oben zu transportieren.

Auch natürliche Waldbrände sind ein wichtiger Faktor für das Überleben dieser letzten Redwoodwälder. Die Samen der Bäume benötigen für die Keimung ganz spezielle Bedingungen: Um lebensfähig zu sein, müssen sie auf unbewachsenem Gesteinsboden zu liegen kommen. Das wird durch Brände begünstigt, da abgefallene Nadeln und an-

GEGENÜBERLIEGENDE SEITE

*Der Stamm des Küstenmammutbaums ist viel dünner und eleganter als der seines Riesen-Verwandten in der Sierra Nevada.*

dere den Boden bedeckende organische Materialien verbrennen. Die dabei entstehende Asche ist reich an Nährstoffen. Es ist bekannt, dass es vor dem Eingreifen des Menschen in den Redwoodwäldern alle 20 bis 50 Jahre brannte. Die Ursache dafür waren Blitzschläge, die in der Sierra Nevada sehr häufig vorkommen.

Der Küstenmammutbaum hat eine dicke, schwammige Borke, deren Farbspektrum von Rötlich-Braun bis Grau reicht. Die Borke ausgewachsener Bäume kann 15–30 cm dick sein. Ihr hoher Tanningehalt macht sie unempfindlich gegen Feuer sowie Pilz- und Insektenbefall.

Die Küstenmammutbäume sind Koniferen, d. h. Zapfen tragende Bäume. Die reifen Zapfen, die sie hervorbringen, sind von rötlich-brauner Farbe, holzig und sehr klein. Die darin befindlichen Samen sind winzige flockenförmige Gebilde, die schon von einer leichten Brise schnell davon geweht und verbreitet werden. Die Samen sind so leicht, dass 125 000 von ihnen noch nicht einmal 500 g wiegen. Der Küstenmammutbaum ist darüber hinaus in der Lage, sich durch Austreiben, d. h. das Hervorbringen von Schösslingen, zu vermehren. Diese zweite Reproduktionsform gibt es bei keiner anderen Konifere.

An ihren Küstenstandorten schützen die Küstenmammutbäume die Einzugsgebiete vieler Bäche und Flüsse, die wichtige Wanderrouten und Laichgründe für Lachse und Forellen sind. Die durch intakte Wälder fließenden Flüsse sind kristallklar und bieten den Tieren ideale Lebensbedingungen; wo die Wälder abgeholzt wurden, verschlammen die Flüsse, weil der Boden von den kahlen Hängen gewaschen wird.

*Die majestätische Sequoie gibt es hier auch, die Königin der Koniferen, die Edelste aller Edlen … diese kolossalen Bäume sind ebenso schön und gut proportioniert wie imposant – eine Ansammlung von Nadelbäumen, die alles übertrifft, was bisher in den Wäldern der Welt entdeckt wurde.*

JOHN MUIR

Die große Bedeutung der Mammutbaumwälder für die Ergiebigkeit der Flüsse war den Indianern, die an der Pazifikküste lebten und zum Teil heute noch leben, schon immer bewusst. Vor der „Entdeckung" Nordamerikas durch die Europäer bewohnten viele verschiedene Völker mit unterschiedlichen Sprachen, aber einer gemeinsamen Kultur, die bewaldeten Küstenstreifen von Kalifornien und Oregon. Ihre Lebensweise basierte auf dem Fischen, der Jagd und dem Sammeln von Produkten des Waldes. Die Mammutbäume waren ein Element der Kontinuität in einer veränderlichen Umwelt – sie überstanden selbst Katastrophen, wie z. B. Waldbrände, und sorgten verlässlich für den Schutz der Leben spendenden Flüsse mit ihrem Fischreichtum.

Die Ureinwohner der Pazifikküste glaubten (und glauben immer noch), dass sie wie alle anderen Lebewesen auch ein Teil der Natur sind und dass demzufolge allem Lebenden – sowohl Pflanzen als auch Tieren –Achtung gebührt. So beteten die Kashaya Pomo, die im Gebiet des heutigen Sonoma County (nördlich von San Francisco) lebten, jedes Mal, wenn sie Pflanzen sammelten oder ernteten, zu ihrem höchsten Schöpfer und erklärten, warum sie diese Pflanzen brauchten. Für den „Erdgeist" wurde ein spezielles Lied gesungen, um Böses abzuwehren; es gab auch bestimmte Formen persönlicher Opfergaben – vielleicht ein Teil einer Mahlzeit oder der gesammelten Produkte. Egoismus galt als unerwünschtes soziales Verhalten, das unweigerlich zu persönlichen Verlusten oder Unglück führte.

Noch vor 150 Jahren waren die Redwoodwälder an der Pazifikküste Heimat für zahlreiche Indianerstämme, darunter die Sinkyone, die Kashaya Pomo, die südwest-

VORHERGEHENDE SEITEN
*Langsam steigt der frühe Abendnebel aus einem Wald von Riesenmammutbäumen.*

lichen Pomo, die Wappo (Ashochimi), die Mendocino und die Tolawa. Die Sinkyone, die später ausstarben, betrachteten die Mammutbäume als heilige Hüter des gesamten Waldes, vor allem aber der Flüsse, von denen so viel abhing. Redwoodhaine bewachten die Geister der Ahnen, deren geweihte Begräbnisstätten sich zwischen den riesigen Bäumen oder ganz in der Nähe davon befanden. Die kashayasprachigen Stämme haben bis heute ein detailliertes Wissen über den Mammutbaum, und es erwies sich, dass ihre Vorstellungen von den Pflanzen und ihren Gemeinschaften denen der Botaniker entsprechen. Der Küstenmammutbaum wurde von den Ureinwohnern vielfältig genutzt, sein Holz zum Bau von Häusern und Booten, andere Teile für Heilmittel.

Es war ein Unglück sowohl für die Wälder als auch deren ursprüngliche Bewohner, dass die alles dominierende europäische Kultur der Siedler, die Mitte des 19. Jahrhunderts im amerikanischen Westen ankamen, auf Werten beruhte, die im krassen Gegensatz zu jenen der indianischen Urbevölkerung der Region stand. Viele Indianerstämme wurden ausgerottet, und mit ihnen ihre Kulturen. Die mächtigen Küstenmammutbäume, die darin eine so zentrale Rolle gespielt hatten, wurden in großer Zahl gefällt. Im Jahre 1999 setzte die US-Regierung allerdings ein Zeichen. Sie zahlte einem Holzkonzern 480 Millionen Dollar, um den größten privat bewirtschafteten Redwoodwald vor dem Einschlag zu retten.

*Am Anfang gab es nichts außer Wasser und Dunkelheit. Dann erdachte der Schöpfer die Welt und ließ sie werden. Im Mittelpunkt der Welt stand der Erste Mammutbaum, unter dem die Spuren aller Tiere zu sehen waren, die der Schöpfer ebenfalls erdacht hatte und werden ließ. Das waren Vor-Menschen, die zu Felsen, Bäumen und Tieren wurden und weggingen, als die ersten Menschen ankamen.*

SCHÖPFUNGSMYTHOS DER TOLAWA

## DER RIESENMAMMUTBAUM

Riesenmammutbäume und ihre unmittelbaren Vorfahren gibt es seit mindestens 200 Millionen Jahren auf der Erde. Genau wie ihre Verwandten an den Küsten bildeten auch sie auf der gesamten nördlichen Halbkugel riesige Waldgebiete. Heute ist die Art sehr selten geworden, es gibt nur noch einige vereinzelte Wälder an den Westhängen der Sierra Nevada in Kalifornien.

Der größte derzeit existierende Riesenmammutbaum ist zwar nicht der älteste, höchste oder ausladendste Baum der Welt, mit seinem Volumen ist er aber auf jeden Fall rekordverdächtig. Der Baum, der den Namen General Sherman trägt (nach dem berühmten General aus dem Amerikanischen Bürgerkrieg), enthält geschätzte 1415 Kubikmeter Holz. Den dicksten Stamm aller Mammutbäume weist ein Exemplar in Alder Creek auf, das an der Basis einen Umfang von 16 Metern hat. Riesenmammutbäume sind praktisch unzerstörbar, da ihre Borke nicht brennbar ist. Die Bäume brauchen sogar reinigende Waldbrände, damit sich ihre Sämlinge richtig entwickeln können. Sie sind auch resistent gegen Pilze und Bohrschädlinge. Am ehesten fallen sie dem Wind zum Opfer. „Die meisten [anderen] Bäume der Sierra sterben an Krankheiten, Pilzen usw.“, schrieb der aus Schottland stammende amerikanische Naturforscher John Muir im Jahre 1868, „doch dem Großen Baum [dem Riesenmammutbaum] kann nichts etwas anhaben. Von Unfällen abgesehen scheint er unsterblich zu sein.“

Heute gibt es nur noch 75 Bestände von Riesenmammutbäumen, die sich in den Nationalparks King's Canyon und Sequoia konzentrieren. Drei weitere Bestände befinden sich im Yosemite-Nationalpark. An diesen Standorten scheinen die Wälder gesund zu sein und sich gut zu entwickeln.

Riesenmammutbaumwälder findet man nur an Berghängen zwischen größeren Flusscañons in Höhenlagen von 1220 bis 2440 m über dem Meeresspiegel. Das Klima hier ist geprägt von warmen, trockenen Sommern und sonnigen Wintern. Ab und zu gibt es im Winter Schneestürme, die einige Tage bis zu einer Woche andauern können und eine meterhohe Schneedecke hinterlassen. Die Wälder liegen meist so, dass sie vor starkem Wind geschützt sind, dagegen sind Gewitter mit Blitzeinschlägen relativ häufig. Warum die Riesenmammutbäume nur in derart isolierten Wäldern vorkommen, ist nach wie vor ungeklärt. Es gibt keinen einzigen Baum außerhalb dieser Wälder, selbst dort nicht, wo ähnliche klimatische Bedingungen herrschen.

Der Riesenmammutbaum hat eine zimtfarbene Borke, die bis zu 45 cm dick werden kann. Im Gegensatz zum schlanken, sich verjüngenden Stamm des Küstenmammutbaums ist der Stamm des Riesenmammutbaums kegelförmig, mit einer ausladenden

OBEN

*Junge Riesenmammutbäume im Grant Grove nach dem ersten leichten Schneefall des Winters.*

OBEN

*Ein umgestürzter Küstenmammutbaum nährt neue Bäume und Sträucher.*

Basis, die einen Durchmesser von 12 m erreichen kann. Selbst 60 m über dem Boden kann der Stammdurchmesser noch mehr als 6 m betragen. Die Hauptäste können einen Durchmesser von über 2,40 m erreichen, sodass schon ihre Größe allein der eines großen Baumes entspricht.

Der Baum hat ein flaches, aber sehr ausgedehntes Wurzelsystem. Der Radius eines solchen Systems kann vom Stamm aus bis zu 90 m betragen, die Wurzeln dringen aber selten mehr als 1,80 m tief in den Boden ein. Riesenmammutbäume erreichen ihre maximale Höhe in den ersten 500 Jahren ihres Lebens, das Breitenwachstum geht dann noch mindestens 3000 Jahre weiter. Es ist nicht klar, wann die Bäume aufhören zu wachsen, da bis jetzt kein einziger Baum bekannt ist, der an Altersschwäche eingegangen wäre. Die Bäume scheinen unendlich weiterzuwachsen, bis sie einer Naturkatastrophe, etwa einem Sturm oder Blitzschlag, zum Opfer fallen. Das höchste nachweisbare Alter, das anhand der Jahresringe an einem Stumpf festgestellt wurde, beträgt 3200 Jahre. John Muir behauptete jedoch, einen Baumstumpf mit 4000 Ringen entdeckt zu haben.

Mit zunehmendem Alter verändert die Krone des Baumes ihre Form. In den ersten 500 Jahren läuft sie oben spitz zu, danach wird sie aber zunehmend runder. Teile der Krone können durch die Einwirkung von Feuer oder Blitzschlägen absterben.

Der Riesenmammutbaum beginnt schon nach wenigen Lebensjahren mit der Produktion von Samen. Ausgewachsene Bäume bringen jedes Jahr etwa 600 neue Zapfen hervor. Da jeder davon mehrere hundert gesunde Samen enthält, kann ein einzelner Baum pro Jahr mehr als 100 000 Samen produzieren. Der größte Riesenmammutbaum bringt es sogar auf ca. 10 000 Zapfen und sage und schreibe zwei Millionen Samen jährlich. Die Zapfen fallen jedoch nicht einfach herunter und geben die Samen frei. Das wird oft – wenn auch unabsichtlich – vom Roten Eichhörnchen erledigt, für das die fleischigen Schuppen der Zapfen eine Delikatesse sind. Wenn es daran knabbert, fallen die Samen auf den Waldboden. Aber wenn sie dort angekommen sind, keimen sie nur unter ganz bestimmten Bedingungen.

Die typischen Baumarten der gemischten Nadelwälder der Sierra Nevada – neben dem Riesenmammutbaum noch die Zucker- und die Gelbkiefer – sind darauf angewiesen, dass Waldbrände Lücken in das Kronendach reißen und den Waldboden freilegen. Durch die Brände trocknen auch die Zapfen an weiter oben gelegenen Ästen aus, deren Samen dann nach unten auf die abkühlende Asche fallen. Das Feuer sorgt dafür, dass die Samen

## DER GENERAL SHERMAN

Der im Sequoia-Nationalpark in Kalifornien stehende Riesenmammutbaum General Sherman ist das größte Lebewesen der Erde. Seine Daten sind wirklich beeindruckend: Gewicht 1,2 Millionen kg; Höhe 95 m; Alter geschätzte 2700 Jahre. In Brusthöhe hat sein Stamm einen Durchmesser von 17,60 m, in 60 m Höhe sind es immerhin noch 3,60 m.

LINKS

*Was das Holzvolumen angeht, wird der General Sherman von keinem anderen lebenden Baum übertroffen. Man weiß jedoch, dass es in der Vergangenheit Baumriesen gegeben hat, die möglicherweise noch einmal um die Hälfte größer waren.*

auf nicht bewachsenen Gesteinsboden fallen und auch vom Sonnenlicht erreicht werden können. Wo gegen die Brände vorgegangen wurde, hat sich gezeigt, dass der Waldboden schnell von Schatten toleranten Coloradotannen und Flusszedern kolonisiert wird, was die Vermehrung der Mammutbäume sehr erschwert.

Die Geburt eines Riesenmammutbaumes kann also durchaus mit dem Aufstieg des sagenumwobenen Phönix aus der Asche verglichen werden. Dieser Vogel entsteht immer wieder neu und ist deshalb zu einem Symbol für Unsterblichkeit geworden.

## DER URWELTMAMMUTBAUM

Die Entdeckung des Urweltmammutbaumes *(Metasequoia glyptostroboides)* in China im Jahre 1941 machte weltweit Schlagzeilen. Der als „lebendes Fossil" bezeichnete Baum wurde als ein früher Verwandter der kalifornischen Mammutbäume identifiziert. Bis 1941 war er nur durch fossile Überreste in Japan bekannt gewesen, die zwischen 1,5 und 6 Millionen Jahren alt waren.

Das Exemplar, das für die oben erwähnten Schlagzeilen sorgte, hatten bis dahin nur Einheimische zu Gesicht bekommen. Es stand in dem abgelegenen Dorf Madoaoqui im Westteil der Provinz Hubei. Am Fuß des Baumes befand sich ein kleiner Schrein, an dem die Dorfbewohner kleine Gaben ablegten. Später wurde nur knapp 48 km entfernt, im Tal des Tigers in der Nähe von Shui-se-pa, ein ganzer Wald von Urweltmammutbäumen entdeckt.

Die Forstbehörde der Provinz Lichuan Xian führt Buch über die Urweltmammutbäume der Region. Man geht heute von fast 2000 ausgewachsenen, Samen produzierenden Bäumen aus, von denen viele über 50 m hoch sind.

LINKS

*Die feuerfeste rötliche Borke ist charakteristisch für den Riesenmammutbaum, hier Exemplare am Congress Trail im kalifornischen Sequoia-Nationalpark.*

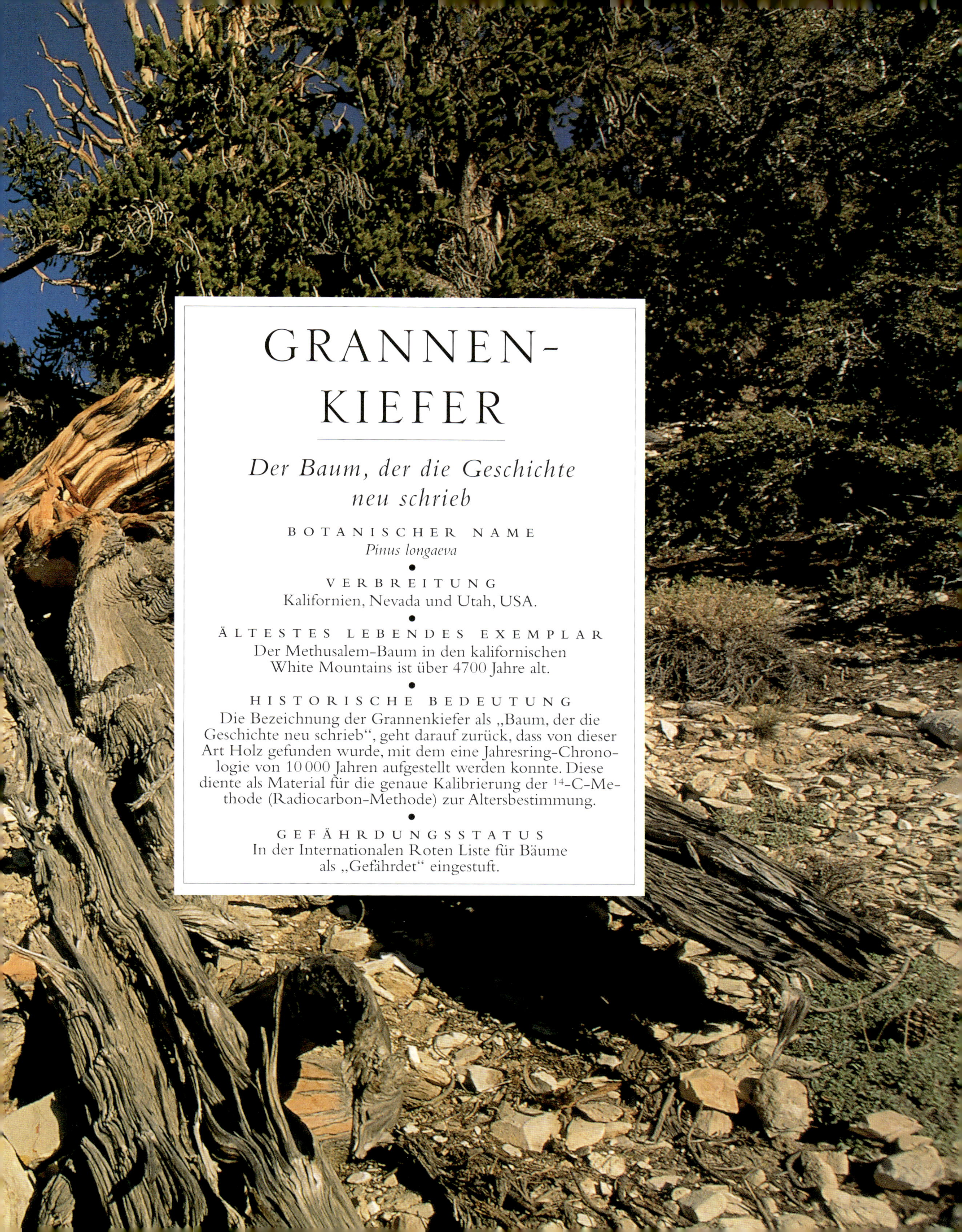

# GRANNEN-KIEFER

## *Der Baum, der die Geschichte neu schrieb*

BOTANISCHER NAME
*Pinus longaeva*

•

VERBREITUNG
Kalifornien, Nevada und Utah, USA.

•

ÄLTESTES LEBENDES EXEMPLAR
Der Methusalem-Baum in den kalifornischen White Mountains ist über 4700 Jahre alt.

•

HISTORISCHE BEDEUTUNG
Die Bezeichnung der Grannenkiefer als „Baum, der die Geschichte neu schrieb", geht darauf zurück, dass von dieser Art Holz gefunden wurde, mit dem eine Jahresring-Chronologie von 10 000 Jahren aufgestellt werden konnte. Diese diente als Material für die genaue Kalibrierung der $^{14}$-C-Methode (Radiocarbon-Methode) zur Altersbestimmung.

•

GEFÄHRDUNGSSTATUS
In der Internationalen Roten Liste für Bäume als „Gefährdet" eingestuft.

An einem kargen Berghang in den White Mountains fristen eine Ansammlung uralter Nadelbäume ihr Dasein. Diese Great-Basin-Grannenkiefern werden von der Sonne gebleicht und sind schutzlos den scharfen Sand- und Eispartikeln ausgesetzt, die von stürmischen Winden unablässig herangetragen werden. All das führte dazu, dass sie wie groteske Skulpturen wirken, geformt von einer unwirtlichen Umgebung. Diese seltsamen Bäume zeichnen sich weder durch Größe noch durch Schönheit aus, sind aber unglaublich alt: Man nimmt an, dass sie ein Alter von über 5000 Jahren erreichen können. Hier befinden sich der Schulman-Hain und der berühmte Methusalem-Baum, der nachweislich mehr als 4700 Jahre alt ist. Das wurde kürzlich durch Radiokohlenstoffdatierung festgestellt. Seinen Namen erhielt der Baum im Jahre 1957 von Dr. Edward Schulman in Anlehnung an den hebräischen Patriarchen des Alten Testaments, dessen hohes Alter seinen Namen zum Synonym für Langlebigkeit machte.

UNTEN

*Grannenkiefern an einem Südhang der White Mountains in Kalifornien.*

Wenn man zwischen diesen Bäumen steht, die auf eine Landschaft blicken, die sich seit mehr als 10 000 Jahren kaum verändert hat, gehen die Gedanken auf eine Zeitreise. Man befindet sich in der schweigenden Gesellschaft von Wesen, deren Leben begann, bevor in Ägypten die Pyramiden gebaut wurden. Als die großen Reiche der Griechen, Mayas und Römer ihre Blütezeit erlebten, war der Methusalem-Baum schon ein älterer Herr. Bald wird er die Schwelle zum sechsten Jahrtausend seines Lebens überschreiten.

## EINE FEINDLICHE UMGEBUNG

Es gibt zwei Arten von Grannenkiefern. Sie wachsen zwar nur 260 km voneinander entfernt, das höchste Alter erreicht aber die im Great Basin (das sich von der Ostgrenze Kaliforniens über Nevada bis Utah erstreckt) lebende Art. Die Grannenkiefern der Rocky Mountains *(Pinus aristata)*, die bis zu 1500 Jahre alt werden, wachsen in einem Gebiet, das sich von den Osthängen der südlichen Rocky Mountains in Wyoming über Colorado bis nach New Mexico erstreckt. Die Standorte der Grannenkiefern scheinen auf den ersten Blick überhaupt nicht dafür geeignet zu sein, dass Bäume dort derart alt werden. Es sind aber gerade diese Unwirtlichkeit dieser Umgebung und die Anpassung der Grannenkiefer an die Bedingungen, die für die Langlebigkeit der Bäume verantwortlich sind.

OBEN
*Man hat errechnet, dass das flache Wurzelsystem der Grannenkiefer bis zu 75 Prozent der gesamten Masse des Baumes ausmacht.*

Die Grannenkiefern im Great Basin wachsen an steilen, felsigen Hängen in Höhenlagen zwischen 2700 und 3500 m. Zwischen November und April fallen die Temperaturen weit unter den Gefrierpunkt, und es können bis zu 2,70 m Schnee fallen. Diese Bedingungen werden noch verschärft durch die schneidenden Winde, die über die Berghänge fegen. Die Grannenkiefer hat sich dem angepasst, indem sie ihre Wachstumsperiode verlängerte. Die Bäume fangen schon wieder an zu wachsen, wenn die Temperaturen für andere Pflanzen noch viel zu niedrig sind.

Die meisten der Bäume sind nicht größer als 9 m und ein Großteil ihres Holzes – zumindest auf der dem Wind zugewandten Seite – ist tot. Die lichten Kronen aus verdrehten und gekrümmten Ästen werden nur von schmalen Strängen lebenden Holzes versorgt. Der Fähigkeit, in nährstoffarmen Böden zu existieren und Wasser zu speichern, verdankt die Grannenkiefer ihr Überleben. Der Baum verfügt über spezielle mit einer Art Wachs überzogene Nadeln, die oft erst nach 20 Jahren abgeworfen werden. Diese

Nadeln reduzieren die Verdunstung und speichern Feuchtigkeit. Der Baum enthält außerdem viel Harz, das als Konservierungsmittel für das Holz dient und an den Witterungsunbilden besonders ausgesetzten Ästen abgesondert wird, um einen wasserfesten Überzug zu bilden. Um die Wasseraufnahme zu maximieren, verfügt der Baum über ein ausgedehntes System von Flachwurzeln.

Es ist interessant, dass das Durchschnittsalter von Grannenkiefern an Südhängen der White Mountains ca. 1000 Jahre beträgt, während es an Nordhängen auf über 2000 Jahre ansteigt. An den Nordhängen finden sich ganze Bestände, die über 4000 Jahre alt sind, und auch der uralte Methusalem-Baum befindet sich an einem solchen Hang. Grannenkiefernbestände an Nord- und Südhängen unterscheiden sich in ihrem Erscheinungsbild deutlich voneinander. Während es an den Südhängen viele gesund aussehende Bäume in relativ dichten Wäldern gibt, stehen die Bäume an den Nordhängen in viel größeren Abständen voneinander, sind gedrungen und knorrig und haben zahlreiche tote Äste. Die Unwirtlichkeit der Umgebung an den Nordhängen hat zur Folge, dass die Jahresringe enger beieinander liegen, was aber wiederum die Festigkeit und Widerstandsfähigkeit des Holzes erhöht und damit die Langlebigkeit des Baumes fördert. Die Haltbarkeit des Holzes ist wirklich bemerkenswert: Wissenschaftler haben in direkter Nachbarschaft zu lebenden Bäumen totes Holz gefunden, dessen Alter bei nachweislich 7000 Jahren lag und das kein bisschen verrottet war.

Ein Wald, dessen Bewohner tausende von Jahren alt sind, kann es sich leisten, sich in gemessenem Tempo zu regenerieren. Innerhalb eines Jahrhunderts muss nur eine Hand voll Samen keimen und heranwachsen, um den Fortbestand des Waldes zu sichern. Grannenkiefern wachsen meist nicht isoliert, sondern bilden Gemeinschaften mit Pflanzen wie Salbei, Schachtelhalmstrauch und Bergmahagonibaum. Vögel wie Meise, Hüttensänger und Tannenhäher ernähren sich von ihren Samen. Der Letztgenannte ist am wichtigsten für die Vermehrung der Grannenkiefer, da er Samen zusammenträgt und im Boden versteckt. Damit hilft er den Sämlingen, in einem ungastlichen Terrain Fuß zu fassen.

## AUSKÜNFTE ÜBER DIE VERGANGENHEIT

Da das Holz der Grannenkiefer extrem widerstandsfähig ist und über tausende von Jahren erhalten bleiben kann, konnten Wissenschaftler nicht nur die Jahresringsequenzen lebender Bäume studieren, sondern auch jene von toten Bäumen, die am Boden liegen blieben, ohne zu verrotten. Sie fanden Ringsequenzen, die sich mit jenen toter Bäume überlappen, wodurch sie eine ununterbrochene Chronologie von Jahresringen erhielten, die einen Zeitraum von mehr als 10 000 Jahren umfasst. Dieses Material ermöglicht u. a. wertvolle Einblicke in die klimatischen Bedingungen der Vergangenheit.

Außerdem hat diese komplette Jahresring-Chronologie es ermöglicht, die Radiokohlenstoffdatierung zur Altersbestimmung von archäologischen Funden genau zu kalibrieren. Durch die Verwendung von Holz, dessen Alter aufs Jahr genau bestimmt werden konnte, war es möglich, die Genauigkeit der $^{14}C$-Methode zu testen. Dabei mussten die Wissenschaftler erkennen, dass sie das Alter von bestimmten Gegenständen bis dahin nicht exakt bestimmt hatten: Es stellte sich heraus, dass manche archäologische Funde 1000 Jahre älter waren als bis dahin angenommen. Aus diesem Grund bekam die Grannenkiefer den Beinamen „der Baum, der die Geschichte neu schrieb".

GEGENÜBERLIEGENDE SEITE

*Grannenkiefern können die Energiemenge, die sie zum Leben brauchen, auf ein Minimum reduzieren, indem sie Äste abwerfen und Teile des Baumes absterben lassen. Im Laufe der Zeit verwandeln die extremen klimatischen Bedingungen viele alte Bäume in bizarre Natur- Skulpturen.*

# MEXIKANISCHE SUMPFZYPRESSE

*Der Riese der Sümpfe*

BOTANISCHER NAME
*Taxodium mucronatum*

•

VERBREITUNG
Mexiko (Sumpfland oder ehemaliges Sumpfgebiet), wenige Exemplare im Süden der USA.

•

ÄLTESTES LEBENDES EXEMPLAR
Der als El Tule bezeichnete Baum in Santa María del Tule in der Nähe von Oaxaca (Mexiko), dessen Alter auf 2000–4000 Jahre geschätzt wird. Sein Stammumfang beträgt 36,30 m, an einer besonders dicken Stelle in 1 m Höhe sogar 53,70 m.

•

RELIGIÖSE BEDEUTUNG
Von den Urvölkern Mexikos als heilig verehrt.

•

VERKNÜPFUNG MIT ALTEN MYTHEN
Verbunden mit Schöpfungsmythen der Zapoteken.

•

GEFÄHRDUNGSSTATUS
Möglicherweise bedroht.

Die unter dem Namen El Tule bekannte Mexikanische Sumpfzypresse ist ein erstaunlicher Baum. Wer davor steht und in die Krone hinaufblickt, kommt sich vor wie in einer lebenden Kathedrale von Notre-Dame. Der stark geriefte Stamm erinnert an die Strebepfeiler in diesem Meisterwerk der Architektur. Beide – Baum und Kathedrale – sind riesengroß und erwecken im Betrachter Staunen und Ehrfurcht. El Tule befindet sich in der Nähe des Dorfes, dem er seinen Namen gegeben hat: Santa María del Tule, ca. 14 km von der Stadt Oaxaca entfernt, im Süden Mexikos. *Tule* ist kein Gattungsname, sondern bezeichnet nur diesen Baum. Er gehört zu der Art, die in Mexiko *ahuehuete* genannt wird – die Mexikanische Sumpfzypresse *(Taxodium mucronatum)*, die fast ausschließlich in Mexiko vorkommt und zum National-Baum des Landes geworden ist. Die Art ist eng verwandt mit der Sumpfzypresse *(Taxodium distichum)*, die im Südosten der USA in vergleichbaren Lebensräumen wächst.

Mexikanische Sumpfzypressen erreichen normalerweise eine Höhe von 20–30 m, können aber auch höher als 40 m werden. El Tule ist das größte Individuum in Mexiko, nicht aber das höchste; es gibt auch noch andere riesige Exemplare: Ein Baum im Chapultepec-Park von Mexiko City soll 60 m hoch sein und sein Stamm einen Umfang von 13 m haben.

Der Baum ist immergrün, in den Winter- und Frühlingsmonaten, wenn sich die neuen Blattknospen entwickeln, kann das Laub jedoch eine rostrote Färbung annehmen. Es ist eine interessante Besonderheit dieser langsam wachsenden Riesen, dass sich die massiven, stark gerieften und von Maserknollen bedeckten Stämme oft teilen, wodurch bei alten Exemplaren der Eindruck entsteht, man hätte es nicht mit einem, sondern mit mehreren, miteinander verbundenen Bäumen zu tun. Der bekannte mexikanische Botaniker Maximíno Martinez, Gründer der Botanischen Gesellschaft Mexikos, der die Sumpfzypressen seines Landes genau studiert hatte, kam jedoch in den 50er-Jahren zu dem Schluss, dass Bäume wie El Tule nicht das Ergebnis einer Verschmelzung separater Individuen, sondern der Teilung des Hauptstammes an der Basis sind.

## EL TULE – DER GESPALTENE RIESE

In seiner *Historia Natural y Moral de las Indias* von 1586 schrieb der spanische Chronist José Acosta, dass El Tule den einheimischen Zapoteken zufolge schon hunderte von Jahren zuvor ein riesiger Baum gewesen sei, der 1000 Menschen Schatten spenden konnte. Irgendwann im 15. Jahrhundert, das genaue Datum ist nicht bekannt, wurde der Baum vom Blitz getroffen und auseinander gerissen. Dadurch entstand ein riesiger

Hohlraum, während von der wundervollen Krone nur eine Masse zersplitterter Äste und zerfetzter Blätter übrig blieb.

Als die ersten Europäer im mexikanischen Staat Oaxaca, wo sich El Tule befindet, ankamen, bot der Baum trotzdem noch einen eindrucksvollen Anblick. Acosta, der ihn als Erster in einem schriftlichen Bericht erwähnte, schilderte ihn als die gewaltige Hülle eines in drei Teile gespaltenen Baumes mit einem Basisumfang von *diez y seis brazas*, d. h. sechzehn Armlängen (etwas unter 27 m). Und der spanische Priester Bernabé Cobo beschrieb den Baum in einem Brief vom 7. März 1630 wie folgt:

„Zwischen den Ruinen des alten Dorfes steht ein hohler Baum, der unten so breit ist, dass es aussieht, als könnte er eine geräumige Unterkunft abgeben. Es gibt drei Eingänge, die so groß sind, dass man nicht einmal vom Pferd steigen muss, um hineinzukommen. Drinnen ist Platz für zwölf Reiter. Wir sind zu viert hineingeritten, und es war noch Platz für acht weitere Reiter. Ich habe den Baum von außen gemessen, wofür ich extra ein Bindfadenknäuel mitgebracht hatte. Am Stammanfang maß der Baum 26 *varas* [17,5 m]; … er ist immer noch lebendig, mit vielen Ästen und Nadeln, obwohl die meisten seiner Äste vor Jahren vom Blitz zerstört wurden. Von hier bis zur Stadt Oaxaca sind es zehn Meilen…“.

Fast 400 Jahre später ist der Baum wieder auferstanden. Der riesige Hohlraum – dessen Fläche heute auf 12 – 18 m² geschätzt wird – wurde von neuem Holz ausgefüllt, und auch die mächtigen Äste haben sich regeneriert. Sie tragen eine Krone, deren Durch-

OBEN
*Die mächtige Krone von El Tule wird von vielen uralten Ästen getragen, die stellenweise an die Strebebogen einer Kirche erinnern.*

RECHTS

*Im 17. Jahrhundert soll der Hohlraum im Inneren von El Tule so groß gewesen sein, dass zwölf Reiter mit ihren Pferden hineinpassten.*

OBEN UND LINKS

*Die Mexikanische Sumpfzypresse ist halbimmergrün, sie behält ihr Laub (oben), bis sich die neuen Nadeln gebildet haben. Diese Maserknolle (links) wird von den Einheimischen El Leon genannt, da sie einer Löwenmähne ähnelt.*

messer ca. 46 m beträgt und die bis zu einer Höhe von fast 42 m aufragt. El Tule ist derzeit einer der größten Bäume der Welt. Sein Stammumfang beträgt 36,30 m, an der dicksten Stelle des sehr unregelmäßigen Stammes sind es sogar 53,70 m. Mit dieser Größe wird er nur noch von ein oder zwei Baobabs in Afrika übertroffen. Und mit einem geschätzten Alter von 2000–4000 Jahren ist El Tule auch einer der ältesten Bäume der Welt.

## ALTER NAME, ALTES LAND

Die Ureinwohner Mexikos, die in der Nähe von El Tule lebten, als Anfang des 16. Jahrhunderts die spanischen *conquistadores* kamen, waren Zapoteken. Ihr Name für den Ort, den die Spanier später in Santa María umbenannten, war *Luguiaga*, was frei übersetzt „im Schilf" bedeutet. Dieser Name stützt die Beschreibungen, die die ersten spanischen Chronisten von der Umgebung anfertigten: Es handelte sich um einen großen, mit Schilf bewachsenen Sumpf oder ein Gebiet, das die meiste Zeit überschwemmt war.

Vor der Ankunft der Spanier in Mexiko war die *lingua franca* in Mittelamerika das *Náhuatl* – die Sprache der herrschenden Azteken. *Luguiaga* war viel weiter bekannt unter seiner Náhuatl-Bezeichnung *Tollin* oder *Tullin*; das ist ein Gattungsname für Wasserpflanzen, aus dem sich das hispanisierte Wort *Tule* herleitete. Auch der bis heute für die Mexikanische Sumpfzypresse verwendete Name *ahuehuete* ist ein Wort aus dem Náhuatl, das im Spanischen *viejos de agua* bedeutet – wörtlich „die Alten des Wassers".

*Alles war Dunkelheit*
*als die Zapoteken geboren wurden.*
*Sie entsprangen den alten Bäumen,*
*wie dem Kapokbaum (und El Tule).*
*Aus den Leibern der wilden*
*Tiere wurden sie geboren,*
*wie des Jaguars und des Leguans.*

SCHÖPFUNGSMYTHOS DER ZAPOTEKEN

Es ist interessant, dass sich El Tule und andere große Mexikanische Sumpfzypressen heute an ausgesprochen trockenen Standorten befinden – ein Beleg dafür, dass große Teile Mexikos in den letzten 2000 Jahren versteppt sind. El Tule begann sein Leben in einem Sumpf, so viel scheint sicher zu sein, später hing sein Überleben jedoch davon ab, dass sein Wurzelgeflecht Wasser auch aus großer Tiefe aufnahm. Im Jahre 1952 wurde ein unterirdisches Bewässerungssystem für die Wurzeln installiert, das den zunehmenden Mangel an Grundwasser ausgleichen und dem Baum das Überleben sichern sollte.

Auf manche Weise symbolisiert El Tule die Geschichte der Ureinwohner Mexikos. Er war mächtig in einer Zeit, als eine der am höchsten entwickelten Zivilisationen der

GEGENÜBERLIEGENDE SEITE
*Der stark zerklüftete Stamm von El Tule macht es sehr schwierig, seinen Umfang exakt zu messen.*

UNTEN
*Am Abend tönt der Gesang hunderter kleiner Vögel von den Zweigen von El Tule.*

Welt – die der Azteken – in voller Blüte stand. Dann erlitten sowohl der Baum als auch die eingeborenen Kulturen Mittelamerikas einen fast tödlichen Schlag, der sie bis ins Mark traf. Und schließlich haben sowohl der Baum als auch viele der Ureinwohner ganz allmählich – über vier Jahrhunderte hinweg – ihre Kraft wiedererlangt. Heute steht El Tule voller Stolz an seinem Platz – nicht nur ein Symbol für die Geschichte Mexikos, sondern auch ein fester Bestandteil seiner Zukunft.

## DIE LETZTE ZEREMONIE

Sumpfzypressen wurden von den mexikanischen Ureinwohnern verehrt und finden sich häufig an deren geweihten Stätten. Es wird vermutet, dass am Standort der Kirche von Santa María del Tule die alten Azteken zuvor ihre eigenen Götter anbeteten. 1586 wies José Acosta darauf hin, dass dieser Baum ein Gegenstand der Verehrung sei, weil sich „die Menschen darunter zu ihren zeremoniellen Tänzen und ihrem Aberglauben versammelten". Im Jahre 1834 wurde im Schatten von El Tule zum letzten Mal eine Zeremonie abgehalten, die eine Art Überbleibsel alter aztekischer Rituale war. Dazu gehörten die Opferung einer Taube, ein Tanz zu Ehren des Baumes und ein besonderes Festmahl.

# CHILENISCHE ARAUKARIE

*Der Baum des Feuers und des Eises*

BOTANISCHER NAME
*Araucaria araucana*

•

VERBREITUNG
Kommt heute nur noch in zwei kleinen Gebieten entlang der mittelchilenischen Küste und in einem größeren Gebiet in den Anden vor, an der Grenze zwischen Chile und Argentinien.

•

ÄLTESTES LEBENDES EXEMPLAR
Ungefähr 2 000 Jahre alt – kein genauer Standort bekannt.

•

RELIGIÖSE BEDEUTUNG
Von den Pehuenche in Südmittelchile als heilig und als „Mutter" verehrt. Die Pehuenche glauben, Gott habe die Araukarie für sie geschaffen, und es sei ihre Pflicht, sie zu schützen. Im heutigen Chile zum Nationalen Denkmal erklärt.

•

GEFÄHRDUNGSSTATUS
Der chilenische Baum wird in der Internationalen Roten Liste für Bäume als „Selten" eingestuft, der argentinische als „Gefährdet". Die Chilenische Araukarie wurde auch in Anhang 1 der Konvention zum Internationalen Handel mit Bedrohten Arten aufgenommen, d. h., dass jeglicher internationale Handel mit ihrem Holz verboten ist.

DIE ARAUKARIE mit ihrer seltsam prähistorisch anmutenden Form ist ein außergewöhnlicher Baum. In Gärten und Parks überall auf der Welt kann man schöne Exemplare bewundern, die eigentliche Heimat des Baumes sind aber die vulkanischen Hochgebirgshänge der Anden im südlichen Südamerika. Hier gedeiht die Araukarie in einer unwirtlichen Umgebung, inmitten von Vulkangeröll oder an extrem steilen Hängen oder auf Bergrücken, die wenig Halt bieten. Die extreme Hitze und Kälte und die orkanartigen Winde scheinen ihr nichts auszumachen. Die Bäume sind an die härtesten Umweltbedingungen angepasst, wozu auch Vulkanausbrüche und das Gewicht von 1 m Schnee im Winter gehören.

UNTEN
*Die Araukarie ist eine der wenigen Baumarten, die auf den Hochebenen mit Vulkanascheböden in den südlichen Anden überleben.*

## LEBENDE FOSSILIEN

Die manchmal als lebendes Fossil bezeichnete Chilenische Araukarie *(Araucaria araucana)* entstammt einer uralten Familie. Fossile Überreste von anderen Bäumen dieser Familie wurden in Felsen gefunden, die im Jura, d. h. vor ca. 225 Millionen Jahren, ent-

standen sind. Vor ungefähr 190 Millionen Jahren waren die Bäume eine der vorherrschenden Arten in der südlichen Hemisphäre. Ihr Lebensraum erstreckte sich von Brasilien bis zur Antarktis. Heute findet man die Araukarie jedoch nur noch in einem begrenzten Gebiet: in zwei kleinen Regionen im Nahuelbuta-Gebirge, das sich an der Küste Mittelchiles entlangzieht, und in einer größeren in der Andenkordillere, an der Grenze zwischen Chile und Argentinien. Die Bäume bevorzugen Nord- und Westhänge und wachsen vorrangig in vulkanischen Böden in Höhenlagen zwischen ca. 600 und 1800 m über dem Meeresspiegel. Sie bilden entweder Reinbestände oder kommen zusammen mit anderen Bäumen vor, hauptsächlich Arten der Scheinbuche (*Nothofagus* spp.).

Junge Araukarien sind zunächst pyramiden- oder kegelförmig, bis sie im Alter von ca. 100 Jahren beginnen, ihre unteren Äste zu verlieren. Ältere Bäume haben eine charakteristische Krone, die sich in etwa 18–30 m Höhe entwickelt und den Bäumen das Aussehen eines geöffneten Schirms verleiht.

## „BAUM, DER AFFEN RÄTSEL AUFGIBT“

Araukarien können ein hohes Alter erreichen. Über 1300 Jahre alte Exemplare sind keine Seltenheit, manche werden sogar mehr als 2000 Jahre alt. Sie wachsen sehr langsam und entwickeln mit der Zeit vollkommen gerade, säulenartige Stämme, die fast 50 m hoch und an der Basis 2,50 m dick werden können. Die Bäume bilden eine außergewöhnliche Borke mit einem wunderschönen Wabenmuster. Bei ausgewachsenen Exemplaren kann diese Borke fast 18 cm dick werden und bis zu 25 Prozent des Stammvolumens ausmachen. Sie spielt eine wichtige Rolle für den Schutz des Baumes vor dem extremen Andenklima und kann – was nicht weniger wichtig ist – bei Vulkanausbrüchen der immensen Hitze widerstehen.

Wie die Borke sind auch die ungewöhnlichen dreieckigen Nadeln des Baumes extrem widerstandsfähig. Sie sind in Spiralen angeordnet und wachsen schuppenähnlich direkt aus den Zweigen und Ästen (deshalb wird die Araukarie auch Schuppentanne genannt). Bei jungen Exemplaren bedecken sie auch den Stamm. Dieser ungewöhnlichen Anordnung von Nadeln und Zweigen verdankt der Baum seinen englischen Spitznamen „monkey puzzler“ – der „Baum, der Affen Rätsel aufgibt“ –, der im späten 19. Jahrhundert aufkam. Obwohl es in den chilenischen Wäldern gar keine Affen gab, waren manche frühen europäische Reisende wohl der Auffassung, der Baum würde jeden Affen vor eine echte Herausforderung stellen. In den 40er-Jahren beschrieb Maud Woodcock dieses Problem so: Die Affen „können an den Ästen mit ihren extrem spitzen Nadeln zwar hochklettern, kommen aber nicht wieder herunter.“

> *Das Bemerkenswerteste an den Bäumen war ihre Borke … ein vollkommenes Puzzlespiel aus unebenen Teilen in verschiedenen Größen, jedes mit fünf oder sechs Seiten, und alle passten perfekt zusammen und bildeten ein wunderbares Wabenmuster.*
>
> MARIANNE NORTH

Wenn die Bäume auch keine Affen beherbergen, so sind sie doch Lebensraum für eine Reihe seltener und gefährdeter Tiere. Dazu gehören der Puma, die Chiletaube und der Langschnabelsittich. Dieser Sittich ernährt sich hauptsächlich von den Samen der weiblichen Araukarien. Die Zapfen, die diese Samen tragen, können so groß werden wie ein Menschenkopf und um die 200 spitz zulaufende Samen von ca. je 4 cm Länge

RECHTS

*Früher Morgen in einem Araukarienwald an der Grenze zwischen Chile und Argentinien. Die Bäume gedeihen in dem unwirtlichen Klima und überstehen sowohl die extreme Sommerhitze als auch die unvorstellbar heftigen Schneefälle des Winters.*

OBEN UND LINKS

*Die rosettenartige Anordnung spitzer Nadeln (oben) an der Spitze eines Araukarienzweiges. Die rostfarbenen männlichen Blüten (links) setzen Pollen frei, der vom Wind verbreitet wird.*

enthalten. Die Langschnabelsittiche verzehren zwar einen Großteil dieser Samen, spielen aber auch eine wichtige Rolle für deren Verbreitung. Wenn sie mit ihren scharfen Schnäbeln in die Zapfen hineinfahren, brechen diese auseinander und geben die Samen frei, die dann auf den Boden fallen. Das Vorhandensein zahlreicher Gruppen von dicht beieinander stehenden Araukarien wird auch auf die Aktivität von Blindmäusen zurückgeführt, die in den chilenischen Wäldern leben und jedes Jahr große Mengen Samen eingraben.

## DIE PEHUENCHE – DAS VOLK DER ARAUKARIE

Vielleicht ist die Beziehung zwischen Araukarien und Menschen der faszinierendste Aspekt der Existenz dieses Baumes. Ein Volk südamerikanischer Ureinwohner nimmt in seinem Namen direkt Bezug auf den Baum, und seine Lebensweise und Kultur sind eng damit verbunden. Dieses Volk sind die Pehuenche, was „Menschen der Araukarie" bedeutet – von *pehuen,* das für „Araukarie" steht, und *che* für „Menschen". Derzeit leben noch ca. 5000 von ihnen im Tal am Oberlauf des Bío-Bío, des längsten Flusses in Südmittelchile. Die Pehuenche sind von jeher ein unabhängiges und widerstandsfähiges Volk – Teil der großen Mapuche-Nation, der Urbevölkerung, die etwa die Hälfte des Gebietes bewohnte, das heute Chile und Argentinien ausmachen. Die Inkas konnten diese Völker nie besiegen, und bis vor etwas mehr als hundert Jahren entzogen sie sich auch der Kontrolle des chilenischen und des argentinischen Staates.

> *Die Araukarie ist unser Baum. Sie ist ein Symbol für uns. Sie ist ein Baum, den Gott für uns, die Pehuenche, auf die Erde gebracht hat. Wir können sie nicht fällen, denn sie gibt uns unser täglich Brot. Wir würden lieber sterben als aufzuhören, für diesen Baum zu kämpfen.*
>
> ALFREDO MELINIR

Einen Teil des Jahres, und zwar den Spätsommer und Frühherbst, verbringen die Pehuenche hauptsächlich damit, in den Gebirgswäldern an den Hängen der Vulkane Nahrung zu sammeln, vor allem die nahrhaften Samen der Araukarie. Diese goldbraunen Samen, die im Spanischen *piñones* genannt werden, sind eine traditionelle Nahrungsquelle. Sie werden sowohl für den sofortigen Verzehr als auch für die Lagerung in unterirdischen Vorratsspeichern gesammelt und stehen somit das ganze Jahr über als Grundnahrungsmittel zur Verfügung. Die Ernte der *piñones* verlangt eine Menge Geschick. Einige schon heruntergefallene Samen können zwar von der Erde aufgelesen werden, den Großteil holen die Männer der Pehuenche jedoch von den Bäumen. Dazu steigen sie mithilfe von Seilen auf die Bäume und schlagen mit langen, dünnen Stangen an die reifen Zapfen. Dadurch zerspringen gewöhnlich die Zapfen, und die Samen fallen auf den Boden, wo die Frauen und Kinder schnell so viele wie möglich

VORHERGEHENDE SEITEN

*Da die Pehuenche die Araukarie als heilig verehren, haben sie hart darum gekämpft, wundervolle Wälder wie diesen zu erhalten.*

GEGENÜBERLIEGENDE SEITE

*Wegen ihres bemerkenswert geraden Stammes galt die Araukarie während der Kolonialzeit als einer der wertvollsten Nutzholzbäume in den südlichen Anden.*

einsammeln. In der Ernteperiode wird meist eine große Zahl von *piñones* gesammelt; eine einzelne Familie kann es z. B. in einem Jahr auf bis zu 4000 kg Samen bringen. In manchen Jahren produzieren die Bäume allerdings auch geringere Samenmengen.

*Piñones* schmecken etwa wie Esskastanien und werden in der Regel gekocht oder geröstet gegessen. Auf jeden Fall muss vor dem Verzehr die harte äußere Schale entfernt werden. Aus den Samen wird auch ein grobes Mehl gemahlen, aus dem Brot gebacken wird, und außerdem werden sie für ein nahrhaftes Getränk verwendet. Auch als Tierfutter finden die Araukariensamen Verwendung. Früher deckten die Pehuenche ihren Fleischbedarf durch die Jagd auf Guanakos, die wilden Verwandten des domestizierten Lamas, heute halten sie sich jedoch meist einige Schafe und Ziegen, manchmal auch ein Pferd. In den langen, harten Wintern, wenn die entlegeneren Dörfer durch den manchmal 2 m hoch liegenden Schnee von der Außenwelt abgeschnitten sind, erweisen sich die *piñones* als wertvolles Futter für die Tiere.

Die meisten Familien verkaufen auch einen Teil ihrer Samenernte an Händler, die manchmal lange Strecken zurücklegen, um direkt von den Pehuenche zu kaufen. Die *piñones* werden dann in den kleinen Städten des Tieflands, aber auch in den Gebiets- und Provinzhauptstädten und sogar in den Landeshauptstädten Santiago und Buenos Aires weiterverkauft. Das meist wenige Geld, das die Pehuenche für die Samen bekommen, wird dringend benötigt, weil davon in den nahe gelegenen Dörfern und Städten lebenswichtige Waren gekauft werden müssen, unter anderem Kleidung und Haushaltswaren.

Wie so viele andere Urvölker dieser Erde haben die Pehuenche schwer unter der Ausplünderung und Unterdrückung gelitten. Nach der Niederlage der Mapuche-Nation gegen spanische Armeen in Chile und Argentinien im Jahre 1885 wurde ihnen das Land ihrer Väter systematisch geraubt, und die ausgedehnten Araukarienwälder, die ihre Lebensgrundlage bildeten, wurden von mächtigen Holzkonzernen abgeholzt. Im Lauf der Zeit ging dadurch viel von ihrer Kultur verloren, doch die Pehuenche sind ein stolzes und hartnäckiges Volk, dessen Bemühungen den entscheidenden Beitrag dazu geleistet haben, dass es heute in Chile überhaupt noch Araukarien gibt.

## NGUILLATUN, DIE MITTSOMMERZEREMONIE

Die Sommersonnenwende (21. Januar) feiern die Pehuenche mit einer speziellen Zeremonie. Sie bitten darum, dass die nächste Zapfenernte gut wird. Darüber hinaus beten sie für eine Vermehrung ihrer Schaf- und Ziegenherden und für ein langes Leben ihrer Kinder und Alten. Die Männer, die ihre traditionellen Ponchos und einen besonderen, aus Federn gefertigten zeremoniellen Kopfschmuck tragen, führen rund um eine junge Araukarie einen heiligen Tanz auf.

LINKS

*Die in den Araukarienzapfen enthaltenen Samen bilden für die Pehuenche ein Grundelement ihrer Ernährung. Manchmal gibt man sie sogar den Toten als Nahrung mit ins Grab.*

## VON BÄUMEN UND GEISTERN

Die Araukarie wird von den Pehuenche als Mutter angesehen. Sie ist ihnen heilig, wird verehrt und geachtet. Es ist ganz alltäglich, dass die Menschen sie preisen, zu ihr sprechen und Gebete an sie richten.

Der Araukarienwald ist für die Pehuenche Teil

ihrer erweiterten Familie, der *lobpehuen*. Sie glauben, der männliche Baum, *domopehuen*, und der weibliche Baum, *wentrupehuen*, pflanzten sich mithilfe ihres weit verzweigten Wurzelsystems fort. Zwei Gottheiten, *pehuenucha* und *pehuenkuze*, sollen in den Wäldern leben und die Vermehrung der Araukarie beeinflussen. Im Verlauf der religiösen Zeremonie *nguillatun* wird ein junger, aber perfekt gewachsener Baum (von vielleicht 3 m Höhe) ausgewählt, der als Altar dient. Dort werden dann spezielle Gebete gesprochen, die eine gute Samenernte gewährleisten sollen. Dieser junge Baum wird als magische Brücke zwischen der Erde und dem sie umgebenden Kosmos angesehen. Einige Pehuenche machen jedes Jahre eine Pilgerreise zum Standort einer besonderen, heiligen Araukarie nördlich des Bío-Bío.

Die Pehuenche glauben, dass alles, also auch der Wald, seinen eigenen Geist oder *pulli* hat und dass es in der Natur ein Gleichgewicht gibt, das von den Menschen nicht gestört werden sollte. Manchmal verwenden sie zwar altes, totes Araukarienholz – das sich oft an der Ansatzstelle der Äste am Stamm findet – als Brennholz, einen ganzen Baum zu fällen wäre für sie jedoch undenkbar.

## DER KAMPF UM DIE RETTUNG DER BÄUME

Im Laufe der Jahre haben Pehuenche-Gruppen aus vielen verschiedenen Orten versucht, den Raubbau an den Araukarienwäldern durch die Holzfirmen zu stoppen. Die chilenische Regierung erklärte die Araukarie 1976 zwar zum Nationalen Denkmal und verbot die Abholzung, trotzdem ging diese illegal an vielen Stellen weiter. Darüberhinaus kam es zu mysteriösen, großflächigen Bränden, denen viele alte Wälder zum Opfer fielen, die aber genügend widerstandsfähiges Holz stehen ließen, das von den Holzhändlern noch als Bauholz verwertet werden konnte. Die Lage verschlimmerte sich noch, als die Regierung 1987 dem Druck der mächtigen Holzindustrie nachgab und den Status des Baumes als geschützte Art aufhob. Das führte zu einer hemmungslosen Abholzung.

Doch es regte sich Widerstand. So hatte die Pehuenche-Familie Meliñir, die in Quinquén nahe der Kleinstadt Lonquimay lebt, eines Tages genug von diesem Zustand. Sie tat sich mit der CODEFF, der führenden Umweltorganisation Chiles, zusammen, und ihre gemeinsamen Bemühungen führten dazu, dass eine landesweite Kampagne zum Schutz der verbliebenen Wälder ins Leben gerufen wurde. Nach scharfen Auseinandersetzungen erklärte die Regierung das betreffende Gebiet zum Naturreservat, begrenzte damit aber auch den Zugang der Ureinwohner zu ihren Araukarien. Ricardo Meliñir, der *lonqo* oder spirituelle Führer der Familie, sagt dazu: „Nach all den Jahren, in denen wir für die Bäume gekämpft haben, ist das wirklich ein Skandal. Wir wollen, dass die Menschen überall erfahren, was hier passiert ist." Leider hat sich an der Situation bis heute nichts geändert.

LINKS

*Araukarien bilden manchmal Reinbestände, die einen ähnlichen Anblick bieten wie entsprechende Landschaften vor 190 Millionen Jahren.*

# ALTE RIESEN AM AMAZONAS

## *Fünf Überlebende*

BOTANISCHE NAMEN

*Bertholletia excelsa* (Paranuss); *Cariniana micrantha* (Castanha de macaco); *Dipteryx odorata* (Cumaru); *Hymenolobium* sp. (Angelim da mata); *Manilkara huberi* (Massaranduba).

•

VERBREITUNG

Teile des Amazonas-Regenwaldes.

•

ÄLTESTE LEBENDE EXEMPLARE

Bis jetzt Cumaru und Castanha de macaco: bis zu 1400 Jahre alt.

•

MYTHISCHE ASSOZIATIONEN

Alte Bäume spielen generell eine wichtige Rolle in den Schöpfungsmythen der indianischen Ureinwohner Amerikas.

•

GEFÄHRDUNGSSTATUS

Der Paranussbaum ist auf der Internationalen Roten Liste der Bedrohten Bäume als „Gefährdet" eingestuft.

SEIT JAHRHUNDERTEN erweckt der große Amazonas-Regenwald in Brasilien Staunen und Ehrfurcht bei allen, die seine Wunder aus erster Hand erleben. So schrieb Charles Darwin (1809–1882): „Entzücken … ist ein schwacher Ausdruck für die Gefühle eines Naturforschers, der zum ersten Mal allein durch einen brasilianischen Wald streift … die Schönheit der Blumen, das glänzende Grün der Blätter, vor allem aber die unwahrscheinliche Üppigkeit der Vegetation, alles erfüllte mich mit Bewunderung."

UNTEN
*Im riesigen Amazonas-Regenwald verbergen sich möglicherweise viele Arten von Bäumen, die mehr als 1000 Jahre alt werden können.*

Die bahnbrechenden Studien von Naturwissenschaftlern und Forschungsreisenden wie Alexander von Humboldt (1769–1859), Alfred Wallace (1823–1913) und Henry Walter Bates (1825–1892) trugen dazu bei, den phantastischen natürlichen Reichtum Amazoniens bekannt zu machen. Doch trotz aller Forschungen hat der Amazonas-Regenwald viele seiner Geheimnisse bis heute nicht preisgegeben und wirkt immer noch mysteriös, vielleicht sogar Furcht einflößend. Der üppige Wald, der oft in langsam dahinziehende Nebelschwaden gehüllt ist, beherbergt immer noch indianische Völker, die völlig abgeschieden von der modernen Welt leben, sowie zahllose Pflanzen- und Insektenarten, die den Wissenschaftlern unbekannt sind. Und erst vor kurzem wurde ein weiteres Geheimnis gelüftet: Viele der enormen Bäume des Waldes sind möglicherweise über 1000 Jahre alt.

## KATASTROPHEN UND MYTHEN

Wir wissen mittlerweile, dass einige der großen und alten Bäume Amazoniens einschneidende Veränderungen der Umweltbedingungen, z. B. durch Dürre oder auch ausgedehnte Brände, überlebt haben. Diese Erscheinungen werden mit klimatischen Störungen in Verbindung gebracht, die von El Niño verursacht werden, der Erwärmung des Ostpazifik in der tropischen Klimazone. Durch klimatologische Untersuchungen hat man herausgefunden, dass El Niño vor 1500, 1000, 700 und 450 Jahren katastrophale Auswirkungen auf das Amazonasgebiet hatte. Interessanterweise gibt es viele indianische Mythen über den „Schöpfer", der große Stürme und alles verwüstende Feuer und Überschwemmungen entstehen lässt, was durchaus auf El Niño zurückgeführt werden kann. So schildert ein Mythos des nordbrasilianischen Volkes der Urubu, wie der Schöpfer, „Mair", die Welt in Brand steckt und die Flammen dann mit einer Wasserflut löscht. Nachdem er das einige

GEGENÜBERLIEGENDE SEITE
*Die beeindruckenden Exemplare der Castanha de macaco können ein Alter von mindestens 1400 Jahren erreichen.*

Male getan hat, beklagen sich die Indios bei ihm, dass sie „jedes Mal auf Bäume klettern müssten und fürchteten, in Faultiere verwandelt zu werden, wenn sie mit ihren Augen dem Rauch zu nahe kämen, oder in Frösche, wenn sie zum Trinken vom Baum herunterkletterten, bevor sich die Fluten zurückgezogen hätten".

Die traditionell große Bedeutung gewaltiger und alter Bäume für die Indios des Amazonasgebietes kann nicht genug betont werden. Die meisten Gruppen von Ureinwohnern hatten und haben nicht nur ein profundes Wissen über die Artenvielfalt in ihrer jeweiligen Umgebung, sondern auch ein tiefes Verständnis für das Alter besonders langlebiger Exemplare. Das Auftauchen solcher Bäume im Schöpfungsmythos ist ein sehr häufiges Motiv in der süd- und mittelamerikanischen Mythologie. Oft gehen der Schöpfer selbst oder die ersten Menschen aus solchen Bäumen hervor, und meist wird genau gesagt, welcher Baum diese Rolle spielt. So geht der Schöpfer in den Mythen der Urubu z. B. aus einem Jatobabaum hervor, der Geier entspringt dem Pau d'Arco, während die Menschen aus dem Wira Pitang oder Rotholzbaum kommen.

*Ich konnte nur staunen über die schattige Düsternis, die kaum ein direkter Sonnenstrahl erhellt; über die enorme Größe und Höhe der Bäume, die sich meist wie Säulen emporrecken, 30 Meter hoch oder mehr, und erst dort oben Äste haben; über die durchfurchten Stämme von anderen Bäumen; die außergewöhnlichen Schlingpflanzen, die sich um sie herumwinden und wie lange Girlanden zwischen den Ästen hängen, manchmal aber auch zusammengerollt auf dem Boden liegen wie große Schlangen. Dann wieder klettern sie bis in die Wipfel der Bäume, bringen Luftwurzeln und Fasern hervor, die in der Luft schaukeln oder sich umeinander drehen, sodass Taue und Trossen jeder Größe und Form entstehen.*

ALFRED WALLACE, 1889

## DIE ENTDECKUNG DER ALTEN AMAZONAS-RIESEN

Wegen der beschleunigten Wachstums- und Fäulnisraten im Regenwald betrachtete man es lange Zeit als unwahrscheinlich, dass ein Baum des Amazonasgebietes ein hohes Alter erreichen könnte. In den späten 90er-Jahren in der Nähe der Stadt Manaus durchgeführte Untersuchungen haben jedoch ergeben, dass unser Wissen über die alten Bäume Amazoniens und über die zeitlichen Abläufe der ökologischen Zyklen, an denen sie beteiligt sind, überholungsbedürftig ist.

In der Vergangenheit war es schwierig, das wirkliche Alter von Bäumen des Amazonas-Regenwaldes zu bestimmen, da sie nicht über die charakteristischen Jahresringe verfügen, die für die meisten Arten der gemäßigten Zone typisch sind. Diese Ringe zei-

LINKS

*Auch der Cumaru hat einen säulenartigen Stamm, sein auffälligstes Kennzeichen ist jedoch die helle Borke.*

OBEN UND RECHTS

*Latex der Massaranduba (oben) wird heute zwar noch zur Kaugummiherstellung verwendet. Vorrangig dient der Baum jedoch der Holzgewinnung. Der Fruchtstand der Paranuss (rechts), der bis zu 1,5 kg wiegen kann, enthält gewöhnlich 10 – 25 Nüsse.*

OBEN
*Die charakteristische Silhouette von Paranussbäumen in einem Gebiet, in dem der Wald um sie herum gerodet worden ist.*

gen an, wie viel ein Baum in einer bestimmten Wachstumsperiode an Umfang zugelegt hat. Da die Wachstumsperioden am Amazonas weniger klar definiert sind als in gemäßigten Gebieten, sind die Jahresringe bei vielen Arten unregelmäßig oder überhaupt nicht existent. Deshalb griff man bei den Amazonasbäumen auf die Radiokohlenstoffdatierung zurück. Niro Higuchi vom Instituto Nacional de Pesquisas in Manaus sowie Jeffrey Chambers und Joshua Schimel, beide vom Department of Ecology der University of California in Santa Barbara, untersuchten auf diese Weise Baumstümpfe in einem großen Rodungsgebiet in der Nähe von Manaus. Dabei fanden sie heraus, dass vier Baumarten des Amazonasgebietes definitiv über 1000-jährige Exemplare hervorbringen können: Castanha de macaco, Cumaru, Angelim da mata und Maçaranduba. Zwanzig Bäume von dreizehn verschiedenen Arten wurden untersucht, deren Alter zwischen 200 und 1400 Jahren lag. Die ältesten waren Exemplare von Castanha de macaco und Cumaru.

Alle vier Arten sind hohe, elegante Bäume. Ihr üppiges Laubwerk erhebt sich in ca. 30 – 50 m Höhe kuppelartig über das Kronendach der mittleren Baumschicht. Es sind jedoch keine Riesen, die sich mit der kolossalen Kaurifichte in Neuseeland oder dem Küstenmammutbaum in Nordamerika messen könnte. Ihr relativ schlanker Stamm, der nur einen Durchmesser von 1 – 4 m hat, lässt nicht vermuten, dass der Baum besonders alt ist. Die Stämme aller vier Arten werden jedoch von unterschiedlich stark ausgeprägten Brettwurzeln gestützt.

Die Castanha de macaco *(Cariniana micrantha)* gehört zu den fünfzehn in Südamerika heimischen *Cariniana*-Arten. Der mit der Paranuss verwandte Baum trägt den Beinamen „Affennuss", weil seine Früchte besonders von Affen geschätzt werden. Der hellgrün belaubte Baum ist Teil der oberen Baumschicht; das sind meist einzelne Exemplare, die über das geschlossene Kronendach hinausragen. Wie die Castanha de macaco ist auch der elegante Cumaru *(Dipteryx odorata)* ein geschätzter Holzlieferant. Seine charakteristische Borke ist grau und rötlich gesprenkelt. Seine Früchte, die Tonkabohnen, entwickeln sich aus den auffallenden purpurroten Blüten. Die Bohnen duften ganz spezifisch nach frisch gemähtem Heu und wurden früher wegen ihres Gehalts an Cumarin in Europa häufig als Tonikum und Aromatikum verwendet. Noch heute werden sie zu Geschmacks- und Duftstoffen verarbeitet.

*Vielleicht beherbergt kein anderes Gebiet der Welt eine solche Menge Pflanzenmaterial wie das Amazonastal. Es ist in seiner gesamten Ausdehnung, von einigen ganz kleinen Teilen abgesehen, von einem einzigen dichten Urwald mit hohen Bäumen bedeckt, den es in dieser Größe und Unversehrtheit nirgendwo sonst auf der Erde gibt.*

ALFRED WALLACE, *VEGETATION OF THE AMAZON VALLEY*

Die Maçaranduba *(Manilkara huberi)*, die mehr als 40 m hoch werden kann, ist auf andere Weise interessant. Sie ist einer der Bäume Amazoniens, die Forschungsreisende schon immer fasziniert haben – zumindest seit der Zeit von Alexander von Humboldt und Richard Spruce (1817–1893). Letzterer schrieb, dass man den weißen, süßlich schmeckenden Latex, den die Borke absondert, wenn sie verletzt wird, wie Milch trinken könne, ohne Schaden zu nehmen.

Der Angelim da mata (*Hymenoclobium* sp.) ist eine von zehn *Hymenolobium*-Arten. Der Baum zeichnet sich durch seine wunderschöne, schuppige dunkelrote Borke und die rosa- oder magentafarbenen Blüten aus. Sein Name soll Bezug nehmen auf die zarte, papierartige Hülle der Samen, die es diesen ermöglicht, wie „kleine Engel des Waldes" zur Erde zu schweben.

Der bekannteste alte Baum des Amazonas-Regenwaldes ist jedoch die Paranuss *(Bertholletia excelsa)*, die dort ein sehr großes Verbreitungsgebiet hat. Der wunderschöne Baum mit seiner charakteristischen Silhouette kann im Regenwald über 50 m hoch werden. Viele Pflanzungen ausgewachsener Paranussbäume in Amazonien wurden vor langer Zeit von der indianischen Urbevölkerung angelegt.

Als Chambers, Schimel und Higuchi ihre bahnbrechenden Untersuchungen aufnahmen, war die Paranuss der einzige Baum des Amazonasgebietes, dessen Alter schon einmal durch Radiokohlenstoffdatierung bestimmt worden war. Das untersuchte Exemplar hatte nur einen Durchmesser von 2,25 m, war aber 500 Jahre alt. Mittlerweile scheint sicher, dass es weitaus ältere Paranussbäume gibt.

Und wer weiß, wie viele andere Baumarten mit über 1000-jährigen Exemplaren sich noch im Amazonas-Regenwald verbergen?

UNTEN
*Die auffällige rote Borke eines alten Angelim da mata hebt sich vom dominierenden Grün der Umgebung ab.*

# EIBE

## *Die Hüterin der Zeit*

BOTANISCHER NAME
*Taxus baccata*

•

VERBREITUNG
Europa, Nordafrika und Westasien.

•

ÄLTESTES LEBENDES EXEMPLAR
Die Fortingall-Eibe in der schottischen Grafschaft Pertshire. Sie ist mindestens 5000, möglicherweise aber sogar 9000 Jahre alt.

•

RELIGIÖSE BEDEUTUNG
Von frühen indoeuropäischen Völkern, so z. B. bestimmten keltischen und nordischen Stämmen, als heilig verehrt.

•

MYTHISCHE ASSOZIATIONEN
Galt bei vielen alten Völkern als unsterblich und als Symbol des ewigen Lebens.

Eine alte Eibe hat etwas Achtung Gebietendes und Magisches an sich. Wir können uns vorstellen, dass diese schweigende Zeugin der Zeitläufte mit ihrem massiven Stamm und ihrer immergrünen Krone von unseren Vorfahren als unsterblich angesehen wurde. In den Monaten des tiefsten Winters trug sie nicht nur ihr grünes Kleid, sondern war oft auch noch geschmückt mit feuerroten Beeren und erfüllt von lebhaftem Vogelgezwitscher – eine Insel des Lebens in einer erstarrten Landschaft.

Viele der ältesten Eiben Europas hatten ihren Ursprung in einer Zeit, als es noch keine historischen Aufzeichnungen gab, bevor in Ägypten die Pyramiden gebaut wurden und als die Erde noch von Mammutherden bevölkert war. Die Entwicklung der Radiokohlenstoffdatierung ermöglichte es Paläontologen, das Alter von Fossilien immer genauer zu bestimmen. Auf diese Weise wurde das Alter von fossilen Überresten einer Eibenart, die sich von unserem heutigen Baum so gut wir gar nicht unterscheidet, mit fast einer Million Jahre bestimmt. Die Entdeckung von Eiben in einigen europäischen Torfmooren beweist, dass der Baum vor der letzten Eiszeit, die vor 1,7 Millionen Jahren endete, sehr häufig und weit verbreitet war. Eiben scheinen eine gewisse Ausstrahlung zu haben, die Aura des lebenden Verbindungsglieds zur Geschichte. Es gibt vielleicht keinen anderen Baum, der so eng mit der frühen Geschichte der indoeuropäischen Völker verbunden ist, eine solche Faszination ausübt und so geheimnisvoll ist wie sie.

OBEN

*Die Eibe unterscheidet sich von echten Koniferen dadurch, dass sie einzelne Samen mit einem fleischigen Samenmantel hervorbringt.*

GEGENÜBERLIEGENDE SEITE

*Eiben sind ein vertrauter Anblick auf Friedhöfen. Die dazugehörigen Kirchen wurden oft an alten heidnischen Begräbnisstätten errichtet.*

## DER UNSTERBLICHE BAUM

Die Gemeine Eibe *(Taxus baccata)* kommt wild so gut wie überall in Europa vor. Ihr Verbreitungsgebiet reicht von Schottland und Estland im Norden bis zu den Gebirgen Nordafrikas im Süden und von Irland im Westen bis zum westlichen Himalaja, wo sie noch in Höhenlagen bis zu 3350 m wächst. Eiben bilden Gehölze mit einem geschlossenen Kronendach, vor allem an steilen Hängen. Leider gibt es diese charakteristischen Gehölze heutzutage nur noch sehr selten. An steilen Kreidekalkhängen scheinen Eiben aber besser zu gedeihen als viele andere Baumarten, und der unbestritten schönste Eibenwald Europas befindet sich im Kreidekalkmassiv von Kingley Vale in der englischen Grafschaft Sussex.

Die Gemeine Eibe zeichnet sich nicht in erster Linie durch große Höhe aus, sondern vielmehr durch den enorm dicken Stamm, den sie im Alter aufweist. Die oft tief gerieften und zerklüfteten Stämme mit ihrer rötlich- oder violettbraunen Borke können einen Umfang von bis zu 17 m erreichen. Wenn die Bäume ein sehr hohes Alter er-

UNTEN

*Der von den Eiben im Wald von Kingley Vale in Sussex geworfene tiefe Schatten verhindert, dass unter den Bäumen andere Pflanzen wachsen.*

## DER EIBENLANGBOGEN

Es gibt Belege dafür, dass die Menschen in Europa Waffen aus Eibenholz schon vor zehntausenden von Jahren schätzten. Der älteste von Menschenhand geschaffene Holzgegenstand, der bislang entdeckt wurde, ist ein Eibenspeer, der vor über 250 000 Jahren benutzt wurde. Gefunden wurde er in Clacton (England). In der Antike merkten sowohl Homer als auch Vergil an, dass die besten Bögen aus Eibenholz seien. Nach der Eroberung Britanniens durch die Normannen im Jahre 1066 war der Langbogen noch etwa 500 Jahre lang die wichtigste Waffe.

LINKS

*Eibenholz ist ideal für Bögen, da die Farbe des Kernholzes sich klar von der des Splintholzes unterscheidet. Bögen müssen so aus dem Holz geschnitten werden, dass sich das Splintholz an der Innenseite der Wölbung befindet. Das sehr elastische Kernholz, das eine hohe Zugfestigkeit aufweist, liegt außen.*

langt haben, werden sie hohl. Ein weiteres charakteristisches Merkmal ist die ausladende majestätische Krone, die oft kegelförmig ist. Das Laub ist von einem intensiven, dunklen Grün.

Erwachsene Eiben wachsen extrem langsam. Mit der herkömmlichen Methode der Altersbestimmung von Bäumen, dem Zählen der Jahresringe, lässt sich z. B. berechnen, dass Eiben mit einem Umfang von mehr als 6 m und 80–100 Ringen pro 2,5 cm in der äußersten, 15 cm dicken Stammschicht weit über 1000 Jahr alt sein können. Diese Methode allein reicht aber nicht aus, um das Alter lebender Eiben akkurat zu bestimmen, da es so gut wie unmöglich ist, ein Stück Holz zu finden, das so alt ist wie der Baum als Ganzes. Die meisten alten Eiben werden mit der Zeit hohl, sodass herkömmliche Datierungsmethoden oft gar nicht einsetzbar sind. Noch komplizierter wird die Sache dadurch, dass die Bäume äußerst unregelmäßig wachsen. Einige Eiben scheinen sich über lange Jahre in einer Art Ruhezustand zu befinden, während andere, wie z. B. die Crowhurst-Eibe in England, innerhalb ausgedehnter Zeiträume jeweils nur ganz minimales Wachstum zeigen.

Bei alten Eiben muss man zur Altersbestimmung auf andere Methoden zurückgreifen, so z. B. die Extrapolation von Wachstumskurven als Ergebnis genauer Untersuchungen von Bäumen, deren Pflanzdatum man kennt, oder die Vermessung von Stücken alten Holzes. Solche Messungen lassen darauf schließen, dass Eiben mit einem Umfang von mehr als 9 m durchaus schon den Beginn des christlichen Zeitalters erlebt haben können. Bei der Eibe im schottischen Fortingall, deren Stamm mittlerweile gespalten ist, wurde im späten 18. Jahrhundert ein Umfang von 16 m gemessen; dieser Baum geht möglicherweise auf die 9000er-Schwelle zu. Es gibt einige andere Eiben, die älter als 5000 Jahre sind, und bestimmt über 100 Exemplare mit einem Alter von über 1000 Jahren.

Eibenholz ist so fest und widerstandsfähig wie kaum ein anderes. Wenn die Bäume aber ein sehr hohes Alter erreicht haben (etwa 2000 Jahre), werden sie von ihrem Wurzelsystem langsam auseinander gezogen, wodurch Risse entstehen oder sich vertiefen. Wenn das passiert, ist das Kernholz der Eibe den Elementen ausgesetzt und fault langsam weg. Dadurch entsteht ein großer Hohlraum, der einen Durchmesser von bis zu drei Metern haben kann. Im Laufe der Jahrhunderte wurden einige dieser Hohlräume auf originelle Art genutzt: So stellte man im 19. Jahrhundert Tische und Stühle ins Innere der Crowhurst-Eibe und legte auf einer Seite einen Eingang an.

Auch wenn der Baum hohl wird, bedeutet das noch lange nicht, dass das Leben der Eibe zu Ende ist. Man vermutet sogar, dass dieses Charakteristikum Teil der Überlebensstrategie der Eibe sein könnte, da es sie widerstandsfähiger gegen starken Wind macht, der nun einfach durch den Baum hindurchblasen kann. Im Laufe der Zeit wächst dann neues Holz und umschließt die alte Hülle. Dadurch entstehen Schichten unterschiedlicher Textur und Farbe, die eine enorme Zugfestigkeit aufweisen. Das Hohlwerden ermöglicht dem Baum auch, sich über viele hundert Jahre von innen he-

LINKS

*Das Alter des Stamms der Crowhurst-Eibe in der englischen Grafschaft Surrey wird auf mehr als 4000 Jahre geschätzt.*

raus zu erneuern. So kann ein Ast nach unten wachsen und sich schließlich in die Erde im Inneren des hohlen Stammes graben. Aus dieser Luftwurzel wird mit der Zeit ein neuer Baum. Häufiger kommt es jedoch vor, dass Äste an der Außenseite nach unten und der Erde entgegenwachsen. Das führt schließlich dazu, dass um den alten Baum herum neue entstehen und eine kreisförmige Baumgruppe bilden. Wenn dieser Prozess ungestört verläuft, kann er sich unendlich wiederholen, sodass ganze Haine entstehen. Leider gibt es kein Beispiel für einen solchen voll ausgebildeten Eibenhain mehr. Die meisten der Bäume, die für eine solche Selbsterneuerung alt genug sind, stehen auf Friedhöfen, wo es oft notwendig ist, Äste in Bodennähe zu entfernen.

Vieles von dem, was wir über die außergewöhnliche Langlebigkeit der Eibe wissen, verdanken wir den unermüdlichen Forschungen und dem persönlichen Engagement eines Mannes – Allen Meredith. Seit ihm in den 70er-Jahren die Bedeutung dieses Baumes bewusst wurde, hat er alle Aspekte seiner Geschichte erforscht, historische Quellen ausgewertet und uralte Eiben in Großbritannien vermessen. Durch seine Studien konnte er die Botaniker davon überzeugen, dass viele von ihnen Tausende von Jahren alt sind. Damit widerlegte er die bis dahin herrschende Überzeugung, dass eine Eibe ein Alter von maximal 800 Jahren erreichen könne. Die erstaunliche Langlebigkeit der Eibe und ihre außergewöhnliche Fähigkeit, sich im Stadium beträchtlichen Verfalls wieder zu erneuern, unterscheiden diese Baumart von den meisten anderen in Europa und haben auch zur Entstehung des Unsterblichkeitsmythos geführt. Der bekannte Dendrologe Alan Mitchell äußerte sich dazu wie folgt: „Wir sind uns mittlerweile mehr oder weniger einig, dass diese Bäume über 4000 Jahre alt werden können. Und es scheint für diesen Baum kein Ende zu geben, keinen Grund zu sterben.“

## DER BAUM DES LEBENS

Die außergewöhnliche Fähigkeit der Eibe, sich aus einem Zustand des Verfalls heraus zu erneuern, hat unseren Vorfahren ganz sicher Ehrfurcht eingeflößt, und es ist nicht verwunderlich, dass dies symbolischen Ausdruck im Baum des Lebens fand. Das Alte Testament enthält Verweise auf eine Tradition der Anbetung von Bäumen. In Mesopotamien war der Baum des Lebens für bestimmte Völker des Nahen Ostens schon um 5000 v. Chr. die beherrschende Gottheit. Auch die ägyptische Göttin Isis stand in Verbindung mit dem Baum des Lebens, der möglicherweise eine Eibe war.

LINKS

*An der riesigen Eibe von Tandridge in Surrey wachsen immer wieder Äste nach unten und bilden schließlich neue Bäume, wo sie den Boden berühren.*

## DER EIBENKULT

Es ist nicht bekannt, wer als Erster die Eibe verehrte. In den alten animistischen Religionen Europas und Westasiens, die die Fruchtbarkeit der Natur und deren jährliche Erneuerung anbeteten und feierten, hat sie aber scheinbar eine zentrale Rolle gespielt. Die Anhänger dieser Religionen assoziierten immergrüne Bäume mit Unsterblichkeit. Der uralte Brauch, die Wintersonnenwende zu feiern, scheint bis in die frühe Geschichte der Menschheit zurückzugehen. Meredith ist der Auffassung, dass der europäische Eibenkult mit seiner Anbetung der roten Früchte und grünen Blätter des Baumes „eine der

RECHTS

*Die schlangengleichen unbedeckten Wurzeln einer alten Eibe im Gelände von Waverley Abbey in Surrey, England.*

*Da steht ein Eibenbaum, der Stolz von Lorton Vale,*
*Steht bis zum heutigen Tag allein inmitten*
*Seiner eigenen Dunkelheit, so wie er schon damals stand:*
*Nicht gefällt, um Waffen zu liefern für die Truppen*
*Von Umfraville oder Percy; für jene, die marschierten*
*Zu Schottlands Heide oder jene, die das Meer überquerten*
*Und ihre summenden Bögen spannten in Azincourt,*
*Vielleicht schon früher in Crécy oder Poitiers.*
*Von gewaltigem Umfang und in tiefer Düsternis*
*Steht dieser einsame Baum! Ein lebendes Wesen,*
*Das so langsam wächst, dass es niemals verfällt;*
*Zu herrlich in Gestalt und Anblick,*
*Um je zerstört zu werden.*

WILLIAM WORDSWORTH (1770–1850), *THE PRIDE OF LORTON VALE*

ersten Äußerungen religiöser Ehrfurcht war" und dass diese Feiern in der Mitte des Winters den Ursprung bildeten für die Vorstellungen und Überzeugungen, wie sie z. B. in den nordischen Mythen repräsentiert sind. Der Baum spielte eine zentrale Rolle im nordischen Glauben, der in den Wäldern Nordeuropas herrschte. Seine Götter waren z. B. Odin und Ullr, der nordische Gott der Bogenschützen, der eng mit der Eibe verbunden war. Daraus wiederum ergaben sich Vorstellungen z. B. von Yggdrasil, dem Baum des Lebens. Auch von späteren Völkern weiß man, dass sie feste Überzeugungen im Zusammenhang mit der Eibe hatten – so glaubten die Römer, sie gebe den Seelen der Verstorbenen sicheres Geleit in das Leben nach dem Tod. Die Sachsen, ein britischer Stamm, pflanzten tausende von Eiben, um die Grabstätten ihrer Toten zu markieren.

Wie sich die Entwicklung des indoeuropäischen Eibenkultes tatsächlich vollzogen hat, lässt sich nur schwer sagen; man geht jedoch davon aus, dass sowohl Menschen als auch religiöses Gedankengut in Europa in Richtung Westen wanderten und 4000 v. Chr. schließlich auch Britannien erreichten. Die Kelten, die im dritten Jahrhundert n. Chr. mit Ansiedlungen u. a. in der Türkei, in Spanien und Irland ihre größte Verbreitung erreichten, werden oft mit der Anbetung der Eiche in Verbindung gebracht, aber auch die Eibe war ihnen zweifellos heilig und wurde an ihren geweihten Stätten gepflanzt. Von vielen keltischen Stämmen weiß man, dass sie ihre Namen von der Eibe (engl. *yew*) ableiteten, so z. B. die Iverni im südlichen Irland. Die Etymologie des Wortes *yew* ist faszinierend: trotz ganz unterschiedlicher Schreibweisen in verschiedenen alten und modernen Sprachen Europas ist das Lautbild praktisch gleich – *yr* im Altnordischen, *yewar* im Keltischen, *iva* im Mittellatein und *iubhar* im Gälischen.

## ALTE EIBEN, ALTE KIRCHEN

Die christliche Kirche hielt die alten Fruchtbarkeitsriten rund um die Eibe für gotteslästerlich und verabscheuungswürdig. Statt aber die alten geweihten Stätten zu zerstören und die seit so langer Zeit ausgeübten „heidnischen" Bräuche auszurotten, entschied sich die Kirche, sie zu christianisieren. So war z. B. die schottische Insel Iona, die zum Zentrum des frühen Christentums in Britannien und zum Ausgangspunkt der Christianisierung Schottlands werden sollte, zuvor Zentrum eines Eibenkults. Der Name Iona wurde sogar als „Insel der Eiben" übersetzt.

An den „heidnischen" Stätten wurden Kirchen gebaut. Allen Meredith hat herausgefunden, dass man anhand der Lage der Kirche zur Eibe oder zu den Eiben auf dem Friedhof Aussagen über das Alter der Bäume treffen kann. Befindet sich der Baum nördlich der Kirche, handelt es sich vermutlich um ein Exemplar aus der Jungsteinzeit (ca. 4000 – 2000 v. Chr.). Die wahrscheinlich ältesten Eiben Großbritanniens – die alle mehr als 5000 Jahre alt sind – befinden sich alle in einer solchen Nordlage. Östlich oder westlich von der Kirche stehende Bäume stammen aus keltischer Zeit, während jene, die sich südlich oder südwestlich davon befinden, auf Stätten sächsischen Ur-

sprungs hindeuten. Die christliche Kirche verwendete auch Teile des Baumes selbst als wichtige Symbole. Eibenzweige wurden gesegnet und einige davon verbrannt, sodass ihre Asche für die Kreuzzeichen am Aschermittwoch verwendet werden konnte. Jahrhundertelang wurden Eibenzweige am Palmsonntag als Ersatz für die nicht vorhandenen Palmwedel benutzt.

Die Eibe wurde als mächtige Beschützerin vor den Mächten des Bösen angesehen. Relikte des Glaubens an diese Kraft findet man heute noch in Talismanen aus Eibenholz und darin, dass in ganz Europa Eiben oft in der Nähe von Wohnstätten gepflanzt wurden, die sie beschützen sollten. Wenn man allerdings einen Eibenzweig ins Haus brachte, bedeutete das Unglück. Auch das Fällen einer Eibe auf dem Kirchhof oder das Verbrennen oder Beschädigen von Ästen sollen Unglück bringen.

Der Eibenexperte Allen Meredith ist der Meinung, dass die Zerstörung alter Eiben viel mehr Schlimmes über uns bringt als lediglich Pech. Er nennt die Eibe „die Wächterin, die Hüterin des Planeten" und spürt, dass unser Überleben verbunden ist mit dem Überleben dieser wundervollen Bäume.

OBEN
*Eine der alten Eiben in Borrowdale in der englischen Grafschaft Cumbria, die William Wordsworth zu dem Gedicht The Fraternal Four inspirierten.*

# EICHE

## *Der Geist des Waldes*

BOTANISCHER NAME
*Quercus robur* (Stiel- oder Sommereiche)

•

VERBREITUNG
In ganz Europa, von Irland im Westen bis Kleinasien im Osten. Im Süden bis zur Mittelmeerküste des westlichen Nordafrika.

•

ÄLTESTES LEBENDES EXEMPLAR
Größter Stammumfang: wahrscheinlich die Bowthorpe-Eiche in Lincolnshire, England mit 12,7 m. Ältestes Exemplar: wahrscheinlich die Kongeegen oder Königliche Eiche in Nordskoven, Dänemark, oder die Chêne de Mon Travail im Departement Poitou-Charentes in Frankreich; beide sollen ca. 2000 Jahre alt sein.

•

RELIGIÖSE BEDEUTUNG
Von den alten nordischen, germanischen und keltischen Völkern als heilig verehrt, ebenso von den Griechen und Römern. Einige einzelne Bäume wurden zu Kultstätten.

•

MYTHISCHE ASSOZIATIONEN
Die alten europäischen Völker assoziierten den Baum mit den Göttern des Donners und des Blitzes und mit der Fruchtbarkeit. Einzelne Exemplare sind auch mit legendären Personen, wie z. B. Robin Hood, verbunden.

Von allen einheimischen Bäumen Europas hat die mächtige Eiche die Menschen seit frühester Zeit besonders fasziniert. Dieser schöne Baum mit der charakteristischen ausladenden Krone und dem massiven Stamm war schon immer ein Symbol für Stärke, Schutz, Widerstandsfähigkeit, Mut und Wahrheit.

Einst erstreckten sich riesige unberührte Wälder, die von Eichen – und zwar der Stieleiche *(Quercus robur)* und der Traubeneiche *(Quercus petraea)* – dominiert wurden, über riesige Gebiete Westeuropas und prägten das Leben der prähistorischen Völker. Für nordische, germanische und keltische Stämme war die Eiche ein heiliger Baum. Wenn sie mit ihren mächtigen Göttern in Verbindung treten wollten, gingen sie in geweihte Eichenhaine.

UNTEN

*Die Major Oak im Sherwood Forest. Es wird erzählt, unter diesem Baum habe Robin Hood seine Getreuen versammelt.*

Eine Verbindung zwischen der Eiche und alten europäischen Gewittergöttern gibt es schon sehr lange (bei Eichen ist die Wahrscheinlichkeit, vom Blitz getroffen zu werden, tatsächlich höher als bei den meisten anderen europäischen Waldbäumen, was mit ihrer Größe und ihrem niedrigen elektrischen Widerstand zusammenhängt). Die Überzeugung, dass eine solche Verbindung besteht, war wohl schon bei den arischen Völkern verbreitet, die vor Christi Geburt den Großteil Europas und Teile Asiens besiedelten. Für diese Menschen stellte die gewaltige Eiche einen Kanal dar, durch den die Macht der Himmelsgötter die Sterblichen auf der Erde erreichen konnte – sichtbar demonstriert, wenn ein Baum vom Blitz getroffen wurde und Feuer fing.

Das Entzünden eines Feuers mithilfe eines Eichenscheits in der Mittsommernacht war ein keltischer Fruchtbarkeitsritus, der wahrscheinlich von einem Menschenopfer begleitet wurde. Auch für das Jul-Feuer zur Wintersonnenwende wurde traditionsgemäß Eichenholz verwendet. Mit diesem Feuer hoffte man, die Sonne auf die Erde zurückzuholen. (In Rom verwendeten die Vestalinnen – Priesterinnen der Vesta, der römischen Göttin des Herdes – ebenfalls Eichenholz für ihr heiliges Feuer, das niemals erlöschen durfte.)

Die Eiche spielte eine zentrale Rolle in den religiösen Praktiken der keltischen Priester, der Druiden. Das Wort

LINKS
*Bei Eichen ist das Risiko, vom Blitz getroffen zu werden, viel höher als bei anderen Bäumen. Daraus entstand in der Vergangenheit ihre mythische Verbindung mit den europäischen Göttern des Donners.*

Druide bedeutet „Eichenmann“ und soll vom griechischen Wort für Eiche, *druz*, abgeleitet sein. Die Druiden verehrten den Baum, da sie glaubten, er verkörpere die Kraft, Macht und Energie ihres mächtigen Gottes Esus, zu dessen Ehren in den heiligen Hainen rituelle Opferzeremonien abgehalten wurden. Auch die Mistel, die halbschmarotzende Pflanze, die an Eichen wachsen kann, wenn die Bedingungen günstig sind, wurde als heilig angesehen, da sie als Beschützerin des Baumes galt.

Die germanischen Stämme weihten den Baum Donar, während er in der nordischen Mythologie mit Thor zusammenhing, der seinen Wagen durch die Himmel steuerte und das Wetter bestimmte. Beide waren Donnergötter, und wenn ein Baum vom Blitz getroffen wurde, hob man Stücke des gesplitterten Holzes als Glücksbringer auf. Am Ende des ersten Jahrhunderts n. Chr. erwähnte der römische Geschichtsschreiber Tacitus (ca. 55–120) dem Thor geweihte Eichenhaine in Nordwesteuropa, von denen in der Folgezeit viele von christlichen Missionaren zerstört wurden. Der Glaube an diesen Gott war so stark, dass ihm in der gesamten germanischen Welt der „Tag des Thor“ – der heutige Donnerstag („Donars Tag“), im Englischen *thursday* – gewidmet und als heiliger Tag begangen wurde.

OBEN

*Diese Schnitzerei in der Kirche von Sutton Benger, England, zeigt ein von einer Girlande aus Eichenblättern umrahmtes Gesicht, den „Grünen Mann“.*

Die Eiche wurde aber auch von den alten Griechen und Römern verehrt. Der Baum war dem griechischen Gott Zeus, dem höchsten Wesen, das mit Himmel und Wetter assoziiert wurde, und dem römischen Hauptgott Jupiter geweiht – die Verbindung der Eiche mit Blitzschlägen, der speziellen Waffe dieser beiden Götter, war dabei besonders signifikant.

## DAS RÄTSEL DER ALTEN EICHEN

Die Annahme, dass die Eiche für unsere Vorfahren eine besondere Bedeutung und eine Verbindung zum Übernatürlichen hatte, erhielt 1998 in Großbritannien neue Nahrung. An der Küste im Norden der Grafschaft Norfolk wurde vom Meer eine außergewöhnliche, geheimnisvolle Anlage freigelegt: eine riesige Eiche, die mit ihren Wurzelstümpfen nach oben aus dem Boden ragt, und darum herum ein ovaler Ring von sage und schreibe 54 Eichenstämmen. Dieser einmalige Fund könnte der Überrest eines Baumtempels aus der frühen Bronzezeit sein. Sein Alter wurde mittels $^{14}$-C-Methode mit 4000 Jahren bestimmt, d. h., er ist so alt wie Stonehenge.

LINKS

*Der Archäologe Mark Brennand vermutet, dass der Tempel für bestimmte Totenriten genutzt wurde. Die umgedrehte Eiche in der Mitte bildet eine Art Altar, eine Plattform, auf die möglicherweise die Körper der Toten gelegt wurden.*

Für unsere Vorfahren spielte die Eiche mit ihrer Macht und ihrem Zauber auch die Rolle eines Orakels. In Homers *Ilias* begab sich Odysseus zu der berühmten Eiche von Dodona, um von ihrer hohen Laubkrone zu erfahren, welche Pläne Zeus schmiedete. Und dem so genannten *Frauenkatalog* des griechischen Dichters Hesiod zufolge verkündeten Priesterinnen, die die Gestalt von Tauben annahmen und im hohlen Stamm des Baumes lebten, jenen, die zu ihnen kamen, „alle Arten von Prophezeiungen“.

## DER BAUM DER STÄRKE

Als der schwedische Botaniker Carl von Linné (1707–1778) den Begriff *robur* (vom lateinischen Wort für „Stärke“) verwendete, um die Stiel- oder Sommereiche *(Quercus robur)* näher zu beschreiben, bezog er sich auf zwei Merkmale, die den Baum von vielen anderen unterscheiden: die Robustheit des lebenden Exemplars und die große Festigkeit seines Holzes. Die Eiche ist besonders hart und widerstandsfähig. Sie kann dem Befall durch Schädlinge und Krankheiten ebenso standhalten wie extremen Temperaturen und Wasserknappheit. Selbst in den längsten und schlimmsten Dürreperioden scheinen Eichen überhaupt nicht zu leiden. Das gilt sowohl für Bäume in lehmigen Böden, die das Wasser gut speichern, als auch für solche in trockeneren, sandigen Gebieten. Das riesige Gebilde aus Stamm und Krone ist durch ein ganzes System zäher Wurzeln im Boden verankert. In den ersten Lebensjahren einer Eiche entwickelt sich zunächst eine Pfahlwurzel, die tief in den Boden eindringt, doch bald kommen Flachwurzeln hinzu, die den Baum stabilisieren und dem Boden Wasser entziehen (ca. 90 Liter pro Tag).

Eichenholz ist gleichbedeutend mit Festigkeit und Haltbarkeit. Seit tausenden von Jahren wird es überall dort verwendet, wo es auf Dauerhaftigkeit ankommt. So ergaben Jahresringuntersuchungen, dass Eichenholz in Deutschland schon vor ca. 9000 Jahren und in Irland vor 7200 Jahren eingesetzt wurde. Archäologen fanden heraus, dass man in Skandinavien schon in der frühen Bronzezeit Särge aus ausgehöhlten Eichenstämmen verwendete. Sie sollten den Verstorbenen auf ihrer langen Reise in die nächste Welt sicheren Schutz geben. Der Tisch, an dem Artus, der König der Briten, mit seinen Rittern der Tafelrunde saß, soll aus einem riesigen Stück Eichenholz gefertigt gewesen sein; der Eichensarg (aus einem ausgehöhlten Stamm) in Glastonbury Abbey in der englischen Grafschaft Somerset soll die sterblichen Überreste des Königs enthalten. Auch die Rinde des Baumes wurde genutzt, vor allem zum Gerben von Leder. Mit Holzkohle aus Eichenholz wurden Eisenschmelzöfen betrieben. Zur Zeit Elisabeths I. (1533–1603) waren schon so viele Eichen gefällt worden, dass Gesetze zu ihrem Schutz erlassen und in den Königlichen Forsten zahlreiche Neupflanzungen durchgeführt wurden.

## ÜBERLEBENDE DER GROSSEN WÄLDER

Heute gibt es nur noch winzige Überreste der ausgedehnten Wälder, die vor 7000 Jahren den Großteil Nordeuropas bedeckten und von Eichen dominiert wurden. Diese großen, ursprünglichen Wälder wurden seit der Jungsteinzeit kontinuierlich gerodet. In der Regierungszeit Heinrichs VIII. (1491–1547) war noch ein Drittel Englands Eichenwald, heute sind nur noch 200 000 Hektar der alten englischen Waldfläche von einheimischen Bäumen und Sträuchern bedeckt. In Großbritannien, vor allem England und Wales, gibt es die meisten alten Bäume in Nordwesteuropa. Viele davon sind Eichen, was sich mehr oder weniger zufällig aus der Entwicklung der Landnutzung auf den britischen Inseln und dem alten System der Waldbewirtschaftung ergeben hat. Eichen wurden auch oft als Grenzmarkierung zwischen Grafschaften oder Gemeinden gepflanzt oder als Hecken stehen gelassen. Die Eiche wird deshalb heute noch von vielen Menschen als „Vater der Bäume“ angesehen – eine Verbindung zu den Wäldern früherer Zeiten. Sie ist zu einem – wenn auch inoffiziellen – Emblem Englands geworden. Die Republik Irland hat sie zum Nationalen Baum erklärt.

UNTEN

*Das Eichenlaub ist Nahrungsgrundlage für viele Insekten. Mit ca. 500 Arten sind es mehr als bei anderen Bäumen.*

Viele der Eichen, die heute wegen ihrer Größe oder ihres hohen Alters berühmt sind, stehen allein, als Einzelexemplare, oft in Parks oder auf Feldern, manchmal aber auch in einer eher städtischen Umgebung. Für ihr Wohlergehen setzen sich Baumfreunde und all jene vehement ein, für die die Eiche die magische Hüterin eines ländlichen Lebensstils ist, den viele gern wieder beleben möchten.

*Als träumten in einer verzückten Sommernacht,*
*In ihren grünen Roben die Senatoren der mächtigen Wälder,*
*Riesige Eichen, die Zweige liebkost von den ernsten Sternen,*
*Und träumten so die ganze Nacht, ohne eine Regung.*

JOHN KEATS (1795–1821), *HYPERION*

Es gibt eine erstaunliche Zahl von Eichenarten, insgesamt mehr als 600, die in den gemäßigten Zonen der nördlichen Halbkugel heimisch sind. Die Stiel- oder Sommereiche kommt in ganz Europa vor, bis hin nach Kleinasien und zum Kaukasus. Im Süden erstreckt sich das Verbreitungsgebiet bis an die Mittelmeerküste des westlichen Nordafrika. Obwohl ihr die Trauben- oder Wintereiche in Erscheinungsbild und Verbreitung sehr ähnlich ist, sind die meisten der knorrigen Uralt-Exemplare Stieleichen.

Es wird immer noch darüber debattiert, wie alt die ältesten Eichen Europas wirklich sind. Der bekannte britische Dendrologe und Mitbegründer des *Tree Register for the British Isles* Alan Mitchell (1922–1995) meinte, dass ihr Alter oft überschätzt würde. Er setzte Umfang und Alter ins Verhältnis und kam zu der Erkenntnis, dass Eichen in ihren ersten Lebensjahren recht schnell wachsen, durchschnittlich 2,5 cm pro Jahr, und dass sie mit ca. 250 Jahren ausgewachsen sind. Danach beginnt der Baum langsam abzusterben. „Die einzige offene Frage", schrieb Mitchell, „ist, wie viel und wie lange eine Eiche mit einem Umfang von über 7 Metern an Wuchskraft abnehmen kann und wie viel älter als, sagen wir, 250 Jahre sie werden kann … um 1000 Jahre alt zu sein, müsste sie einen Umfang von 12 Metern haben."

Die vom Dendrologen John White verfeinerte Methode der Altersbestimmung bestätigt nicht die Annahme, dass der Stamm der Eiche (und anderer alter Bäume) relativ kontinuierlich etwa 2,5 cm pro Jahr wächst. Sie hat gezeigt, dass viele alte Bäume doppelt so alt sind wie vorher angenommen. Whites Methode beruht auf der Messung des Baumumfangs und dem Vergleich dieser Daten mit anderen Bäumen derselben Art, Größe und – wann immer möglich – mit demselben Pflanzdatum an vergleichbaren Standorten. Bei dieser Methode wird auch berücksichtigt, dass Bäume in verschiedenen Phasen ihres Lebens (etwa im jungen, mittleren und hohen Alter) unterschiedlich schnell wachsen.

Es herrscht jedoch Übereinstimmung, dass die größten und ältesten Eichen Kopf-

bäume sind. Vom Mittelalter bis ca. 1800 war das Köpfen von Bäumen Standard in vielen bewirtschafteten Wäldern: Dabei wurde der Baum in ca. 2,40 Meter Stammhöhe geschlagen, erstmals im Alter von ca. 20 Jahren, danach in bestimmten Abständen. So wuchs immer Kopfholz nach (Holz mit einem geringeren Durchmesser als der Stamm, für das es zahlreiche Verwendungszwecke gab), das später eingeschlagen werden konnte. Die Bäume schlugen schnell wieder aus und produzierten innerhalb weniger Jahre ein größeres Laubvolumen – oft an bis zu sechs aufrecht stehenden Ästen – als so genannte „Lassreiser" oder ungeköpfte Bäume. Während ein Lassreiser von seinem Stamm ab-

OBEN
*Eine alte Eiche, wie dieser Baum in Dorset, bietet auch im Alter von mehreren hundert Jahren noch einen imposanten Anblick. Die Eiche stand schon immer für Kraft und Dauerhaftigkeit.*

hängig ist und mit diesem stirbt, kann ein Kopfbaum bis ins hohe Alter immer neue Triebe hervorbringen, auch wenn der ursprüngliche Stamm schon lange hohl ist. Kopfbäume sind wuchsfreudiger, kräftiger und ihr Stammdurchmesser nimmt schneller zu. Aus diesem Grund sind die ältesten Eichen und diejenigen mit dem dicksten Stamm meist Kopfbäume.

Der Baum mit dem derzeit größten Umfang auf den Britischen Inseln, wenn nicht in ganz Europa, misst rundum 12,70 m. Er befindet sich in Bowthorpe nahe der Stadt Bourne in den flachen Fens (Niedermoorgebieten) der Grafschaft Lincolnshire. Im Innern des Baumes gibt es einen Hohlraum von 2,70 × 1,80 m, sodass der Baumenthusiast Thomas Pakenham die Eiche „eine Höhle" nannte, „aus deren Dach Äste wachsen". Die Eiche war offenbar schon vor fast 200 Jahren hohl, als sie wie folgt beschrieben wurde: „Sie ist schon immer, so lange die Erinnerung älterer Einwohner oder ihrer Vorfahren zurückreicht, in demselben Stadium des Verfalls. Das Innere des Stamms ist hohl, und der obere Teil dient als Taubenschlag. „Im Jahre 1768 legte man den Boden im Innenraum aus und stellte Bänke auf, sodass der Gutsherr von Bowthorpe Park mit zwanzig Gästen darin dinieren konnte. Man ist sich darin einig, dass dieser Baum wahrscheinlich ca. 1000 Jahre alt ist.

Nur knapp geschlagen in puncto Größe gibt sich der schöne hohe Baum im Fredville Park in der Grafschaft Kent, der den Namen Majesty Oak trägt. Diese Eiche hat einen Umfang von 12,20 m. Thomas Pakenham schrieb, sie vereine „majestätische Anmut mit mammuthafter Größe". Der Hauptstamm ist von oben bis unten hohl, in einer Länge von ca. 9 Metern; es ist nicht klar, ob es sich um einen Lassreiser oder einen Kopfbaum handelt. Sein Alter wird auf höchstens 600 Jahre geschätzt.

Im Moccas Park in der Grafschaft Herefordshire befinden sich alte Kopfeichen, die liebevoll „die mürrischen alten Männer von Moccas" genannt werden. 1876 beschrieb sie der Geistliche und Chronist Francis Kilvert (1840–1879) als „graue, knorrige, plattstirnige, x-beinige, zusammengekrümmte, gebeugte, riesige, seltsame, langarmige, deformierte, bucklige, missgebildete Eichenmänner". John White glaubt, dass diese Bäume ebenfalls über 1000 Jahre alt sind.

Andere alte Eichen in Großbritannien sind

GEGENÜBERLIEGENDE SEITE

*Der riesige Hohlraum der Eiche von Bowthorpe. Im 18. Jahrhundert schnitt man eine Tür in den Stamm, legte den Boden aus und stellte Bänke auf.*

UNTEN

*Eine von über hundert alten Eichen im Park von Schloss Windsor.*

die Marton-Eiche in der Grafschaft Cheshire und die Billy Wilkins in Dorset. Erstere ist bis auf einen Spalt von 2,40 m Breite (der früher einen Kälberstall beherbergte, jetzt ein Spielhaus), der die beiden verbleibenden Stammteile trennt, die insgesamt einen Umfang von 13,40 m haben, noch in gutem Zustand. Der von Maserknollen bedeckte Stamm der Billy Wilkins soll einen Umfang von 12 m haben.

Die bekannteste alte Eiche der Britischen Inseln ist aber wahrscheinlich die so genannte Major Oak im Sherwood Forest in der Grafschaft Nottinghamshire, die ihren Namen vom Chronisten der Gegend, Major Hayman Rooke, herleitet. Zwar ist sie weder die älteste noch die größte Eiche, die in der Umgebung ansässigen Menschen betrachten sie jedoch als etwas ganz Besonderes. Sie ist ein majestätischer alter Baum, der wahrscheinlich regelmäßig geköpft wurde, 1990 einen Stammdurchmesser von 3,37 m hatte und dessen ausladendste Äste von 3 m langen Pfählen gestützt werden. Alan Mitchell war der Auffassung, der Baum sei nur 480 Jahre alt. David Alderman vom *Tree Register of the British Isles* verweist jedoch darauf, dass er „auf Grund der Zeit, die er im Wald im Konkurrenzkampf mit anderen Bäumen verbracht hat, und auf Grund der vielen Male, die er geköpft worden sein mag … älter sein könnte, als seine Größe vermuten lässt". Unter – manche Leute sagen auch: in – diesem Baum soll der legendäre Robin Hood (ca. 1250 – ca. 1350), der Rächer der Armen, seine Getreuen versammelt haben. Wenn das stimmt, musste die Major Oak im 13. Jahrhundert schon eine beträchtliche Größe erreicht haben. Sie könnte daher heute gut um die 1000 Jahre alt sein.

*Tragt Sorge, dass die mächtige Ruine unverletzt erhalten bleibt und verehrt wird, wie die Gebeine eines großen Helden.*

J. G. STRUTT, *SYLVA BRITANNICA*, 1822

Der allgemein als die Eiche Wilhelm des Eroberers bekannte Baum ist einer von über hundert alten Kopfeichen im Great Park von Schloss Windsor, die liebevoll als „Tattergreise" bezeichnet werden und aus dem Mittelalter stammen. Der Baum hat heute einen Umfang von 8,20 m und einen enormen Hohlraum im Stamm. Dieser soll 1829 groß genug gewesen sein, dass zwanzig Menschen darin stehen und zwölf „sich bequem zum Speisen hinsetzen" konnten. Von dem als Eiche von Herne dem Jäger bekannten Baum, der sich ebenfalls im Schlosspark von Windsor befand und aus dem 13. Jahrhundert stammte, heißt es, Königin Victoria habe ihn betrauert, als er 1863 einem Sturm zum Opfer fiel. Herne der Jäger war ein Eichengott im südlichen Britannien, dessen Geist, der geweihähnliche Hörner trägt, im Windsor Forest spuken soll.

## DIE ÄLTESTEN EICHEN EUROPAS

Natürlich gab es in der Vergangenheit auch in anderen Teilen Europas wahrhafte Kolosse unter den Eichen. Die alten Eichen, die heute noch stehen, lassen sich in zwei Hauptkategorien einordnen: Bäume mit einem enormen Stamm (in der Regel das Ergebnis des Köpfens), die meist hohl sind, und hohe Exemplare mit dickem Stamm, die nicht geköpft worden sind.

In Frankreich finden wir die Chêne du Tronjoli, die fast 1000 Jahre alt sein soll und auf einem Feld in der Bretagne steht. Diese Eiche hat eine wunderbare, breite Krone und einen in zwei Teile gespaltenen Stamm mit einem Durchmesser von 3,60 m und einem Gesamtumfang von 12,60 m. Es gibt Vermutungen, dass dies der möglicherweise größte Eichenstamm in Kontinentaleuropa ist. Eine Zeitgenossin, deren exaktes Alter man allerdings nicht kennt, ist die Eiche von Allouville-Bellefosse in der Nähe von Yvetot, die seit ca. 300 Jahren eine Art Wallfahrtsstätte ist – ihr massiver hohler Stamm (mit einem Durchmesser von 3,80 m) beherbergt eine Kapelle und eine Einsiedelei.

Die größte und wahrscheinlich älteste Eiche in Deutschland (stark angegriffen, aber noch nicht abgestorben) befindet sich im Dorf Erle in der Nähe von Raesfeld in Westfalen. Sie ist unter dem Namen Feme-Eiche bekannt, da sie in alter Zeit Schauplatz von Zusammenkünften und Gerichtsverhandlungen war. Manche schätzen das Alter dieses Baumes auf 1500 Jahre. In der Nähe des Dorfes Ivenack nördlich von Berlin steht noch eine ganze Gruppe majestätischer Eichen. Der Stamm der größten ragt 7,60 m auf, bevor der erste Ast ansetzt, und hat in Brusthöhe einen Durchmesser von 3,60 m. Dieser Baum kann es mit den größten in Großbritannien aufnehmen. Sein Alter wird auf einem Schild mit 1200 Jahren angegeben.

Auch Dänemark, Frankreich, Schweden, Russland und Bosnien-Herzegowina gehören zu den Ländern, die Anspruch auf die ältesten Eichen Europas, ja sogar der Welt, erheben können. Von zwei noch lebenden Exemplaren in Dänemark heißt es in der Gegend, sie seien fast 2000 Jahre alt. Eines davon ist die Kongeegen oder Königliche Eiche, die zwar einen stark angegriffenen Stamm, aber noch einige lebende Äste hat. Sie befindet sich im Wald von Nordskoven, einem Überrest des riesigen Waldes, der einst den größten Teil Nordeuropas bedeckte. Dem kanadischen Baumexperten Al Carder zufolge, der 1977 eine Untersuchung der Baumriesen der Welt startete, muss dieser Baum früher einmal einen Stammdurchmesser von mindestens 3,60 m gehabt haben. Die etwas kleinere, aber trotzdem sehr alte Snoegen-Eiche steht nicht weit entfernt.

OBEN

*Die verwitterten Reste der Cowthorpe-Eiche in South Yorkshire.*

Vielleicht werden wir unsere Auffassungen davon, wie alt diese uralten Riesen wirklich sind, eines Tages revidieren müssen, aber die um die Eiche entstandenen Mythen und Legenden werden auch für zukünftige Generationen erhalten bleiben.

# EDEL-KASTANIE

*Die Beschützerin*

BOTANISCHER NAME
*Castanea sativa*

•

VERBREITUNG
Südeuropa, Westasien, Nordafrika.

•

ÄLTESTES LEBENDES EXEMPLAR
Der Baum der Hundert Pferde, Sizilien:
1770 wurde sein Stammumfang mit 62 m vermessen.
Heute haben die beiden größten verbleibenden Teile
in 1 m Höhe einen Durchmesser von 6 m.
Geschätztes Alter: 2000 – 4000 Jahre.

•

HISTORISCHES UND SAGENHAFTES
Im Jahr 1308 soll der Baum
der Hundert Pferde der Königin von Aragonien
und ihrem Gefolge von 100 Reitern
Schutz vor einem Gewitter geboten haben.

IM JAHR 1308 WOLLTE sich Johanna, die Königin von Aragonien, auf Sizilien den Ätna anschauen. Auf dem Weg zum berühmten Vulkan wurde sie von einem heftigen Gewitter überrascht. Glücklicherweise befand sie sich mit ihrem Gefolge von 100 Reitern aber ganz in der Nähe eines außergewöhnlichen Baumes – eines Baumes, der schon zu Zeiten des griechischen Philosophen Platon 1700 Jahre zuvor für seine kolossalen Ausmaße weithin bekannt und offenbar schon damals alt war. Es handelte sich um eine Edelkastanie *(Castanea sativa)* mit einer solch enormen Krone, dass Königin Johanna und ihr gesamtes Gefolge – so heißt es jedenfalls in der Legende – darunter Schutz fanden. Dieses Ereignis führte zur Entstehung des Namens, unter dem dieser heute teilweise abgestorbene Baum auch jetzt noch bekannt ist: Castagno dei Cento Cavalli oder Baum der Hundert Pferde.

OBEN

*Der Baum der Hundert Pferde auf Sizilien in einer Abbildung von 1784.*

GEGENÜBERLIEGENDE SEITE

*Die mächtige Krone des Baumes der Hundert Pferde erhebt sich vor dem Rauch speienden Vulkan Ätna.*

## DER KOLOSS VON SIZILIEN

Der Baum der Hundert Pferde steht in der Nähe des Dorfes Sant' Alfio an den Osthängen des Ätna in einer Höhe von ca. 550 m über dem Meeresspiegel. Er gilt als der größte jemals registrierte Baum – zumindest, was die Dicke betrifft. 1770 wurde sein Stammumfang mit erstaunlichen 68 m vermessen. Wie viele der ältesten Linden, Eichen und Eiben Europas wurde auch diese Kastanie im fortgeschrittenen Alter hohl. 1670 war der Hohlraum offenbar so groß, dass er als Stall für ganze Schafherden genutzt wurde. Es ist auch überliefert, dass einige Zeit später eine Familie im Innern des massiven Baumes wohnte.

Zu dieser Zeit machte die Kastanie schon den Eindruck, als handele es sich um eine Gruppe von nah beieinander stehenden Bäumen. Vor über 200 Jahren durchgeführte Untersuchungen ergaben jedoch, dass alle Teile des Baumes ihren Ursprung in einer einzigen Wurzel haben. 1865 war der Baum in fünf Teile gespalten, von denen drei bis heute überlebt haben. Sie befinden sich im Abstand von 3,50 bis 4,50 m voneinander. Trotz ihrer Schäden sieht diese einst riesenhafte Kastanie im vollen Schmuck ihrer Blätter auch heute noch sehr lebendig aus.

Es hat den Anschein, als sei der Verfall des Baumes der Hundert Pferde in den letzten Jahrhunderten vorrangig auf das Wirken des Menschen in seinem Umfeld und z. T. sogar in seinem Inneren zurückzuführen. Die Kastanie wurde vor kurzem eingezäunt, damit das, was von ihr übrig ist, geschützt wird; eine Inschrift aus dem Jahre 1784 macht jedoch deutlich, dass sie damals als Wohnstätte genutzt wurde und man Lasttiere draußen anpflockte. Einer der im Hohlraum vorhandenen Räume beherbergte einen Ofen

OBEN

*Einer der Teile, in die sich der Stamm des Baumes der Hundert Pferde aufgespalten hat.*

zum Rösten der vom Baum produzierten Maronen – ein Prozess, der wohl weder für die Wurzeln noch für das lebende Holz günstig war. Und offensichtlich diente der Baum auch als Feuerholzquelle.

Das wirkliche Alter des Baumes der Hundert Pferde ist schwer zu bestimmen, den meisten Schätzungen zufolge liegt es zwischen 2000 und 4000 Jahren. Dass der Baum die vulkanische Aktivität seines Standorts so lange überlebt hat, ist wirklich bemerkenswert, immerhin befindet er sich nur 8 km vom Krater des Ätna entfernt.

Zu Beginn des 20. Jahrhunderts wuchsen an den Hängen des Ätna noch sehr viele Edelkastanien, von denen eine gewisse Mrs. Grieves in ihrem 1931 erschienenen, weitverbreiteten Buch über pflanzliche Heilmittel schrieb, sie bildeten „dichte Wälder". Der Baum der Hundert Pferde ist zwar sicher das älteste Exemplar, in der Umgebung gibt es aber noch andere alte Edelkastanien. Die größte davon hat einen Durchmesser von 6,20 m, sie befindet sich einen knappen Kilometer entfernt in Mascali. Sie trägt den Namen Castagno della Nave (Schiffskastanie), sicher wegen ihrer enormen Größe. Auch auf dem italienischen Festland gibt es riesige alte Kastanien. Als größte in Italien – was das Gesamtausmaß betrifft – gilt ein Baum in Il Monte nahe dem Dorf Grisolia im Norden Kalabriens, der zusammen mit zwei kleineren Exemplaren von einem ganzen Hain alter Edelkastanien übrig geblieben ist. Der Baum hat einen Durchmesser von 4,30 m. Im kalabrischen Dialekt heißt er Castagna del Salavrone oder Kastanie der Grünen Eidechse.

## ALTE KASTANIEN EUROPAS

Die wahrscheinlich in Westasien domestizierte Edelkastanie ist in den Laubwäldern Südeuropas (südlich der Alpen) heimisch. Große alte Bäume finden sich auch in Frankreich und Spanien. Der wahrscheinlich größte in Frankreich, zumindest was die Stammdicke betrifft, wächst in der Nähe der Stadt Pont l'Abbé in der Bretagne. Diese uralte Kastanie, die über 1000 Jahre alt sein soll, hat an ihrer Basis einen Stammdurchmesser von 4,80 m. Eine andere riesige Kastanie in Frankreich steht am Südufer des Genfer Sees in der Nähe der Stadt Maxilly, nicht weit vom Schloss Neuve Celle. Sie soll 1408 eine Einsiedelei beherbergt haben.

Das Verdienst, die Edelkastanie auf die Britischen Inseln gebracht zu haben, wird im Allgemeinen den Römern zugeschrieben, hauptsächlich auf der Grundlage gefundener Früchte an verschiedenen Stellen, u. a. am Hadrianswall in Northumberland, der die nördliche Grenze der römischen Provinz Britannien markierte. Diese Funde können natürlich auch darauf zurückzuführen sein, dass die Römer sich ihre geliebten Maronen aus Italien ins

### PFLANZLICHE HEILMITTEL

In der Medizin werden schon seit langem Extrakte der länglichen, ledrigen Blätter der Edelkastanie verwendet, vor allem gegen Husten, Katarr, Keuchhusten, aber auch Durchfall. Der berühmte englische Pflanzenkenner, Arzt und Astrologe Nicholas Culpeper (1616–1654) empfahl Kastanien zur Blutverdickung. In ganz Europa wurden die Früchte traditionell als Gesundheitstalismane am Körper getragen und als gutes Mittel gegen viele Arten von Schmerzen, einschließlich Rheumatismus, angesehen.

LINKS

*Mrs. Grieve schreibt 1931 in ihrem* Modernen Pflanzenbuch: *„Mancherorts gelten Kastanienblätter wegen ihrer stärkenden und adstringierenden Wirkung als gutes Heilmittel bei Fieber und Schüttelfrost."*

besetzte Britannien bringen ließen. Es gibt aber einige sehr alte Edelkastanien in England. Die bekannteste ist die Kastanie von Tortworth in der Grafschaft Gloucestershire, die schon im 12. Jahrhundert als großer Baum und wichtige Grenzmarkierung beschrieben wurde. Heute ist von ihrer einstigen Pracht nicht mehr viel übrig geblieben. Drei riesige Äste liegen abgebrochen auf dem Boden, trotzdem lebt der Baum in Teilen weiter.

Die Edelkastanie ist als sehr wuchsfreudig bekannt und eignet sich daher sehr gut für eine Nutzung als Kopfbaum. Ihre Rinde, die in jungen Jahren violett-grau ist, bekommt später eine dunkelbraune Färbung und tiefe Risse. Bei Bäumen mit einem Alter von mehreren hundert Jahren sind diese Risse oft spiralförmig oder netzartig angeordnet. Dagegen charakterisieren die glänzenden, dunkelgrünen Blätter mit ihren hervortretenden parallelen Adern, die in einem spitzen „Stachel" auslaufen, den Baum sein ganzes Leben lang. Auch die Früchte haben ein charakteristisches Aussehen: die mit scharfen Stacheln besetzte gelbgrüne Hülle platzt im Herbst auf und bringt meist zwei glänzende rötlichbraune Nüsse hervor.

*Es gibt wohl kaum eine Kultur, die nicht mit magischen Mitteln und Tricks versucht hat, Liebe zu wecken. Meist geschah das durch die Verzauberung oder Beschwörung eines Gegenstandes, der dann an die geliebte Person weitergegeben wurde. Was die Maronen betrifft, so musste man sie der oder dem Geliebten zu essen geben. Allerdings erfordert der Umgang mit solchen Beschwörungen Vorsicht – sie dürfen eingesetzt werden, um Liebe zu ermutigen, doch niemals, um sie zu erzwingen.*

## SPEISE DER FÜRSTEN UND DER LIEBHABER

„Eine Delikatesse für Fürsten und eine die Manneskraft hebende Speise für Landleute. Bei Frauen sorgt sie für eine gesunde Gesichtsfarbe." So beschrieb der britische Schriftsteller John Evelyn (1620–1706) die schmackhafte Frucht der Edelkastanie, die von den alten Römern und zahllosen Generationen von Südeuropäern nach ihnen so geschätzt wurde und wird. Evelyn beklagte, dass Maronen in England vor allem als Schweinefutter verwendet wurden, während sie in Italien ein Grundnahrungsmittel der Landbevölkerung waren.

Die manchmal auch als Spanische Kastanien bezeichneten Früchte (sie wurden oft aus Spanien importiert) enthalten relativ wenig Eiweiß und Fett, dafür aber große Mengen Stärke. Aus diesem Grunde wurden sie früher zum Weißen von Stoff benutzt und als wertvolles Nahrungsmittel besonders für Genesende geschätzt. Die Maronen werden in der Regel geröstet oder gekocht gegessen, man verarbeitet sie aber auch zu Mehl, Brot und Frühstücksbrei und verwendet sie als Füllung für Geflügel oder Gebäck sowie für Delikatessen wie die berühmten Marrons glacés in Frankreich.

UNTEN
*Die Kastanie der Grünen Eidechse in Kalabrien, Italien, ist eine der ältesten ihrer Art in Europa mit noch intaktem Stamm.*

# LINDE

## *Der Baum des Drachen*

BOTANISCHE NAMEN

*Tilia cordata* (Winterlinde),
*Tilia platyphyllos* (Sommerlinde)

•

VERBREITUNG

Beide Arten kommen in ganz Europa vor, von Teilen der Britischen Inseln und Nordspanien im Westen bis nach Sibirien und Kleinasien im Osten.

•

ÄLTESTES LEBENDES EXEMPLAR

Größter Einzelstamm: Linde in Staffelstein, Bayern, mit einem Umfang von 24 m; ältestes Exemplar: Kopfbaum im Arboretum von Westonbirt in Gloucestershire, Großbritannien: Alter mit Radiokohlenstoffdatierung auf 6000 Jahre bestimmt.

•

MYTHISCHE ASSOZIATIONEN

In der alten europäischen Folklore als weiblich angesehen; in der germanischen Mythologie mit dem Drachen verbunden; literarische Assoziationen zur romantischen Liebe.

•

RELIGIÖSE BEDEUTUNG

Ost- und nordeuropäische Völker beteten die Linde an, die für sie mit den alten Gottheiten der Fruchtbarkeit in Verbindung stand.

ALLE ZWEI JAHRE im Frühling wird in der im Herzen Deutschlands gelegenen Stadt Schenklengsfeld eine jahrhundertealte Tradition neu belebt. Im Schatten der mächtigen Äste des uralten Lindenbaums, der die Stadt zu Recht weithin bekannt gemacht hat, feiern die Einwohner in ihren alten Trachten das Lindenblütenfest. Zu diesem Fest werden Volkstänze neben dem Baum, einer der in Deutschland traditionellen Tanzlinden, dargeboten. Früher wurde wohl sogar im Baum selbst getanzt, auf einer Holzplattform, die von den Hauptästen des Baumes getragen wurde.

Der enorme Stamm des Baumes fault seit langem von innen her. Er ist völlig hohl und inzwischen in vier einzelne Teile gespalten. Innerhalb des Hohlraums, dessen Fläche ungefähr sechs Quadratmeter beträgt, befindet sich ein Stein mit der Inschrift „Gepflanzt im Jahre 760". Niemand weiß, wer diesen Stein dorthin gebracht hat oder ob die Jahreszahl korrekt ist. Ein Alter von ca. 1240 Jahren scheint aber gar nicht unmöglich zu sein, wenn man die Größe dieses Baumes mit der anderer Linden vergleicht, deren Alter bekannt ist. Die Linde von Schenklengsfeld, die einen Kronenumfang von ca. 110 m und einen Stammumfang von fast 18 m hat, kann durchaus die älteste deutsche Linde sein.

Der Baum ist aber nur eine von vielen riesigen alten Linden in Deutschland. Unter diesen ausladenden Bäumen haben die Menschen seit uralter Zeit die Ankunft des Frühlings und die Fruchtbarkeit der Natur gefeiert. In der alten europäischen Überlieferung gilt die Linde als weiblicher Baum. Die frühen germanischen und nordischen Völker scheinen sie der Göttin der Liebe und der Fruchtbarkeit Freya und der Göttin der Ehe und des Herdes Frigg (manchmal werden beide auch gleichgesetzt) geweiht zu haben. In Estland, so berichtet der Autor und Filmemacher Edward Milner, beteten die Menschen alte Linden an, „sogar noch nach ihrer späten Bekehrung zum Christentum". Noch vor gar nicht langer Zeit wurden den Bäumen kleine Opfer und Bittgaben dargebracht. Manche davon wurden von Frauen, die um Kindersegen baten, direkt an die Zweige gebunden.

In der Dichtkunst des Mittelalters wurde die Linde zum Symbol der romantischen Liebe, und zu den süß duftenden Blüten, die auf das Liebeslager gestreut wurden, gehörten ganz sicher auch Lindenblüten. Ihr berauschender Duft ist bestimmt so manchen Liebenden zu Kopf gestiegen. Interessanterweise schreibt Mrs. Grieve in ihrem bekannten Pflanzenbuch über die seit Jahrhunderten für heilkräftige Tees verwendeten Lindenblüten, dass sie „Symptome einer betäubenden Wirkung" hervorrufen können, wenn sie überaltert sind.

In Frankreich gilt die Linde als Symbol der Liebe, der Freundschaft und der Geselligkeit. Ein Schild an der Linde auf dem Dorfanger von Lucheux, die als der Baum der

GEGENÜBERLIEGENDE SEITE

*Die Sonne lässt die jungen, hellgrünen Blätter der riesigen Hindenburg-Linde leuchten – ein wundervoller Anblick im Frühling.*

UNTEN
*Die berühmte Hindenburg-Linde in Deutschland soll ca. 1000 Jahre alt sein.*

Liebenden bekannt ist, ermuntert frisch verheiratete Paare, durch den hohlen Stamm zu gehen. Das soll ihnen Glück bringen.

In der griechischen Mythologie heißt es, dass Kronos (der Sohn von Uranos und Gaia, des Himmels und der Erde) die Gestalt eines Hengstes angenommen und den Kentauren Chiron gezeugt hat, der von der Meeresnymphe Philyra geboren wurde. Sie schämte sich so für ihren Nachwuchs, dass sie die Götter anflehte, sie in einen Baum zu verwandeln. Sie wurde erhört und nahm die Gestalt einer Linde (griechisch *phylra*) an.

## DER BAUM DER GERECHTIGKEIT UND DES DRACHENS

Im Gegensatz zu den mit der Linde verknüpften romantischen Assoziationen steht zumindest in Deutschland eine andere Tradition: In der Vergangenheit war das der Baum, unter dem Recht gesprochen wurde. Die Linde von Schenklengsfeld war bis zur Mitte des 19. Jahrhunderts eine dieser Gerichtslinden. Viele Menschen wurden hier für die Verbrechen, derer man sie beschuldigte, verurteilt und oft auch bestraft. Manchmal wurden Linden auch als Galgen benutzt.

Diese Verbindung mit dem Gerechtigkeitsgedanken erklärt vielleicht, warum das Pflanzen von Linden in der Schweiz, in Deutschland und Frankreich historisch ein Symbol der Freiheit und des Sieges wurde. So wurde 1476 in der Stadt Fribourg eine Linde gepflanzt, um den Sieg in der Schlacht von Morat zu feiern. Auch am Ende der französischen Religionskriege (1562–1598) wurden zahlreiche Linden gepflanzt. Viele der 1792 zu Ehren der Ersten Französischen Republik gepflanzten Bäume waren ebenfalls Linden. In Sagy im Departement Saône-et-Loire wurde 1793 eine vom Herzog von Sully gepflanzte Linde zum „Baum der Freiheit“ geweiht.

In Skandinavien galt die Linde als einer der bevorzugten Aufenthaltsorte von Elfen und Feen, und es wurde gesagt, man solle diesen Bäumen nach Sonnenuntergang nicht zu nahe kommen. In der alten skandinavischen Überlieferung heißt es auch, dass der sagenhafte Drache Fafnir neunzig Jahre

### SÜSSE MEDIZIEN

Linden bringen im Frühsommer massenhaft süß duftende Blüten hervor, die für heilkräftige Tees und als Geschmacksstoffe für Süßigkeiten und Liköre verwendet werden. Der berühmte englische Arzt Nicholas Culpeper (1616–1654) notierte, Lindenblütentee sei gut gegen Schlaganfall, Schwindel und Herzrasen. Heutzutage gilt er als ein wirksames Mittel zur Steigerung des allgemeinen Wohlbefindens. Lindenblüten werden auch in bestimmten Kosmetika verwendet, die gereizte Haut beruhigen sollen. Zusammen mit Lavendelblüten werden sie manchmal in Kräuterkissen gefüllt, die beim Einschlafen helfen sollen.

LINKS
*In der Aromatherapie wird Lindenblütenöl zur Behandlung von Migräne, Schlaflosigkeit, Stress und anderen Beschwerden eingesetzt.*

lang in der Erde, neunzig Jahre lang in der Wüste und neunzig weitere Jahre lang in einer Linde lebte. Überhaupt scheint es womöglich eine interessante Verbindung zwischen Drachen und Linden zu geben. Der germanische Sagenheld Siegfried oder Sigurd bekam seinen Beinamen, nachdem er Fafnir getötet und in seinem Blut gebadet hatte. Davon wurde er unverwundbar, bis auf eine Stelle zwischen seinen Schultern, an der ein Lindenblatt geklebt hatte. Sogar das alte deutsche Wort „Lindwurm" ( lint = ahd. Drache) als Synonym für Drache scheint auf eine Verbindung hinzuweisen. Vielleicht fürchtete und verehrte man die Linde in grauer Vorzeit als Wohnstätte mythischer Bestien.

## DIE ALTEN LINDEN EUROPAS

Viele der riesigen alten Linden Europas sind Sommer- oder Großblättrige Linden *(Tilia platyphyllos)*. Diese Art gehört wie die Winter- oder Kleinblättrige Linde *(Tilia cordata)* zur Gattung Tilia, die außerdem über dreißig weitere Arten umfasst. Fünf davon sind in Europa heimisch. Die Sommerlinde blüht zuerst (im späten Juni). Sie bringt meist drei bis fünf große hell-gelbgrüne Blüten hervor, die von einem weißlich-grünen Vorblatt herabhängen. Ihr natürliches Verbreitungsgebiet umfasst ganz Europa, von Nordspanien und Schweden bis zur Krim, zum Kaukasus und bis nach Kleinasien. Sie wurde und wird auch sehr oft in Parks und Gärten angepflanzt und als Straßenbaum eingesetzt; manchmal bilden die Bäume wunderschöne, elegante Alleen.

Mit ihrer eindrucksvollen kuppelförmigen Krone aus strahlenförmig angeordneten Ästen ist eine erwachsene Sommerlinde ein ausgesprochen schöner Baum, der sehr hoch, breit und alt werden kann. In Litauen und Polen sind große, majestätische Linden, deren gewaltige Kronen über 30 m hoch werden können, ein wichtiger Bestandteil der noch erhaltenen ursprünglichen Wälder, wie z. B. des berühmten Urwaldes von Białowieża. Auch in Frankreich gibt es einige schöne alte Linden, u. a. die Estry-Linde in Calvados in der Normandie (die 2000 Jahre alt sein soll); viele der eindrucksvollsten alten Exemplare sind jedoch in Deutschland zu finden.

So steht z. B. im bayrischen Hoffeld ein riesiger, 1000 Jahre alter Baum, der ca. 30 m hoch ist und eine weit ausladende Krone besitzt. Fast genauso hoch ist das wunderschöne Exemplar, das unter dem Namen Hindenburg-Linde bekannt ist und sich nur wenige Meter von der Alpenstraße oberhalb des Dorfes Ramsau in Südostbayern befindet. Dieser Baum ist ca. 26 m hoch, hat einen Stammumfang von 11,50 m und eine wundervolle breite Krone. Auch das Alter dieser Linde wird auf ca. 1000 Jahre geschätzt.

Eine andere alte bayrische Linde, die so genannte Tassilo-Linde, soll mindestens 1200 Jahre alt sein. Sie steht im Dorf Wessobrunn. Der hohle Stamm dieses enormen Baumes hat in Brusthöhe einen Umfang von 13,30 m. Im achten Jahrhundert war diese Linde Bestandteil des Urwaldes, der das

UNTEN

*Ein Traum unter dieser uralten Linde veranlasste Herzog Tassilo III. von Bayern, in der Nähe ein Benediktinerkloster zu gründen.*

VORHERGEHENDE SEITEN
*Eine von mehreren geköpften Winterlinden in den Hügeln um Derwent Water im englischen Lake District. Das Alter der Bäume wird auf mehr als 1000 Jahre geschätzt.*

Gebiet bedeckte. Schon damals scheint sie ein großes, eindrucksvolles Exemplar gewesen zu sein. Es ist überliefert, dass sich Herzog Tassilo III. von Bayern unter diesem Baum schlafen legte, nachdem er im umliegenden Wald gejagt hatte. Während er schlief, träumte er von drei Quellen, deren Wasser in Form eines Kreuzes zusammenfloss. Darüber erschien eine Himmelsleiter, auf der Engel auf und nieder stiegen. Als er aus seinem Traum erwachte, ließ Herzog Tassilo seine Jäger nach den Quellen suchen, von denen er geträumt hatte. Ein Jäger namens Wezzo (nach dem Wessobrunn benannt ist) fand die Stelle, an der der Herzog im Jahre 753 ein Benediktinerkloster gründete. Heute ist das Kloster mit seinen Kunstwerken aus dem Barock und Rokoko weithin bekannt, und die nur wenige Gehminuten davon entfernte Tassilo-Linde ist ein beliebtes Ziel von Pilger- und Wallfahrten.

Weitere prächtige alte Linden, die einen Stammumfang von 16 m oder mehr haben, befinden sich in Norddeutschland, in Heede, sowie in den bayrischen Orten Kötzting und Kasberg. Die Publikation *Unsere Baumveteranen* nennt zwanzig Bäume, die mindestens 1000 Jahre alt sind. Einer davon ist die Linde von Upstedt, einem Ortsteil von Bockenem in Niedersachsen, die 850 n. Chr. gepflanzt worden sein soll. Der wahrscheinlich größte Baum aller Arten in Deutschland ist eine riesige Linde im bayrischen Staffelstein. Sie ist etwa 25 m hoch und hat einen Stammumfang von unglaublichen 24 m – damit ist sie einer der Bäume mit dem dicksten Stamm in ganz Europa.

*Kommt mir plötzlich in den Sinn, und ich bin glücklich,*
*Als ob ich selbst dort wäre! Hier in dieser Laube,*
*Dieser kleinen Lindenlaube, habe ich doch sonst nicht viel gesehen,*
*Was mich beglückt hätte. Hell unter der grellen Sonne*
*Hing das transparente Laub; und ich beobachtete*
*Ein breites, besonntes Blatt, und wie schön war der Schatten von*
*Blatt und Stiel anzusehen,*
*Gesprenkelt vom Sonnenlicht.*

SAMUEL TAYLOR COLERIDGE (1772–1834), *THIS LIME-TREE BOWER MY PRISON*

In England gibt es bei weitem nicht so viele Sommerlinden (die vor ca. 8000 Jahren zusammen mit ihren Verwandten, den Winterlinden, aus Europa kamen) wie in Deutschland, darunter sind aber einige wahrhaft riesige Exemplare. Das wahrscheinlich bekannteste ist der Baum von Pitchford Hall in der Grafschaft Shropshire, dessen gewaltige Äste ein restauriertes Teehaus aus dem 18. Jahrhundert tragen, das einst eines aus dem 17. Jahrhundert ersetzte. Der Stammumfang dieser Linde beträgt 7 m und die Äste haben einen Umfang von ca. 2,40 m. Auf jeden Fall macht der Baum den Eindruck, mindestens 1000 Jahre alt zu sein.

Die Winter- oder Kleinblättrige Linde wird in europäischen Parks und Gärten ebenfalls häufig angetroffen. Seltsamerweise sind ihre attraktiven Blätter oft größer als die der Großblättrigen oder Sommerlinde. In den flachen Gebieten Englands und Kontinentaleuropas war die Winterlinde einst von großer Bedeutung. Die Entdeckung erhalten gebliebenen Blütenstaubs und fossiler Borkenkäfer, die nur an Lindenbäumen leben, belegt, dass diese Art für den Charakter der europäischen Urwälder eine zentrale Rolle spielte, ja diese ursprünglichen Wälder in großen Teilen des englischen Tieflandes und der mitteleuropäischen Tiefebene nach der letzten Eiszeit über 2000 Jahre lang sogar dominierte.

## KÖPFEN IM DIENSTE DER UNSTERBLICHKEIT

Der enorme Umfang vieler Lindenstämme und auch das große Alter, das diese Bäume erreichen können, sind – wie man festgestellt hat – zum größten Teil auf die alte Methode des Köpfens zurückzuführen. Dabei werden zwei Arten unterschieden. Einmal wird der Stamm in 2,50–5,50 m Höhe geschlagen, sodass sein unterer Teil auf Dauer stehen bleibt und weiter wachsen kann. Bei der anderen Art wird er nicht weit vom Boden entfernt geköpft, sodass nur die Basis bzw. ein Stumpf erhalten bleibt. Durch beide Verfahren wird die Produktion neuer Triebe gefördert, die ebenfalls wieder entfernt werden, wenn sie die richtige Größe erreicht haben.

Dem Köpfen verdanken wir auch die wahrscheinlich älteste Linde der Welt. Es ist eine Winterlinde, die im Arboretum von Westonbirt in der englischen Grafschaft Gloucestershire steht. Sie soll sage und schreibe 6000 Jahre alt sein. Der beim Köpfen stehen gebliebene Stumpf wurde mit einem Durchmesser von 16 m vermessen, und 80 einzelne Stämme wuchsen aus ihm heraus, bevor er für die Radiokohlenstoffdatierung in zwei Teile geschnitten wurde.

Das Vorhandensein alter geköpfter Linden in einem Wald gilt heute als Indiz dafür, dass dieser Wald sehr alt ist – meist sogar direkt aus dem einstigen Urwald hervorgegangen. Die alten wildwachsenden Linden in den Wäldern Großbritanniens sind allerdings nicht die alles überragenden Bäume von majestätischen Ausmaßen, wie man sie in ursprünglichen Wäldern anderswo in Europa noch findet, etwa in Frankreich, Polen und Litauen. Das hat dazu geführt, dass man ihr hohes Alter oft gar nicht so richtig wahrgenommen hat. Die Geschichte lehrt uns, dass die Linde für die Menschen in ganz Europa für tausende von Jahren eine große Bedeutung hatte. Darüber hinaus ist es interessant zu beobachten, dass alte Maßnahmen der Waldbewirtschaftung bei richtiger Anwendung zum richtigen Zeitpunkt das Leben des Baumes verlängern und ihn so gut wie unsterblich machen können.

UNTEN

*Ein Teil der gigantischen geköpften Winterlinde in England, deren Alter mit Radiokohlenstoffdatierung auf mehr als 6000 Jahre bestimmt wurde.*

# ÖLBAUM

*Der Baum des Friedens*

BOTANISCHER NAME
*Olea europaea*

•

VERBREITUNG
Alle an das Mittelmeer angrenzenden Länder; wird auch in anderen warm-gemäßigten und subtropischen Regionen angebaut.

•

ÄLTESTES LEBENDES EXEMPLAR
Einige Bäume im Garten Gethsemane und an der Französischen Riviera sollen ca. 2000 Jahre alt sein.

•

MYSTISCHE ASSOZIATIONEN
Wurde von den frühen Völkern des Nahen Ostens sowie von den Ägyptern, Griechen und Römern als heilig verehrt. Die Griechen hielten den Ölbaum für ein Geschenk der Göttin Athene, für die Römer stand er in Verbindung mit der Göttin Minerva.

Von den ältesten und am meisten geschätzten Bäumen der Welt ist vielleicht keiner so eng mit der Geschichte der Menschheit und der Entwicklung der abendländischen Kultur verbunden wie der Ölbaum. Der von den Griechen, Römern, Ägyptern und den frühen semitischen Völkern der biblischen Lande als heilig verehrte Baum spielt seit tausenden von Jahren eine zentrale Rolle in Religion, Kultur, Wirtschaft und Küche von Millionen von Menschen in der Mittelmeerregion. Als Lieferant von Holz und wertvollem Öl geschätzt, hat er die außergewöhnliche Fähigkeit, sich auch nach schweren Beschädigungen oder im Stadium des Verfalls durch die Produktion neuer Triebe und Wurzeln zu verjüngen; das hat sicher dazu beigetragen, dass ihn die Menschen in alter Zeit als heilig verehrten und seine Bedeutung in Mythen und Legenden verewigten.

Für die alten Griechen war der Ölbaum ein Geschenk von Athene, der Göttin der Weisheit und Tochter des Zeus, die ihren Speer gegen den Felsen der Akropolis schleuderte und so den ersten Ölbaum entstehen ließ. Durch diese Tat gewann sie die Gunst der Götter, die ihr daraufhin im Wettstreit mit dem mächtigen Gott Poseidon die Herrschaft über die Stadt Athen (die ihr zu Ehren benannt wurde) übertrugen. Jedes Jahr gab es zu Ehren von Athene einen Feiertag, an dem Ölbaumzweige auf die Akropolis getragen wurden. Bei den in Olympia durchgeführten Sportwettkämpfen, den Olympischen Spielen, wurden mit geweihtem Olivenöl gefüllte Krüge als Preise vergeben, und die Sieger erhielten Kränze aus Ölbaumzweigen.

Die Römer weihten den Ölbaum Minerva, der Göttin der Gesundheit und der Weisheit. Sie soll es auch gewesen sein, die ihnen Wissen über die Kunst des Olivenanbaus vermittelte. In der ägyptischen Mythologie kannte allein Isis, die Gattin des Osiris, das Geheimnis, wie man Ölbäume und Oliven anbaute und verwendete. Im Islam wurde der Ölbaum der Baum des Segens, der das Licht Allahs in die Welt bringt.

Obwohl sein botanischer Name *(Olea europaea)* einen europäischen Ursprung vermuten lässt, lag das natürliche Verbreitungsgebiet des Ölbaumes wohl in Westasien – möglicherweise in Mesopotamien,

## ÖLZWEIGE – SINNBILDER DES FRIEDENS

„Die Taube flog gegen Abend zu ihm zurück, und siehe, sie trug ein frisches Ölblatt in ihrem Schnabel …“ (Genesis 8,11). Seit die Taube mit dem Ölblatt im Schnabel zu Noahs Arche zurückkehrte, sind die Taube und der Ölbaum in der christlichen Welt Sinnbilder für Freundschaft und Frieden. Im griechisch-römischen Symbolismus standen Ölzweige auch für Wohlergehen und Erfolg. Bei den Römern manifestierte sich das u. a. darin, dass sie aus der Schlacht heimgekehrte siegreiche Krieger mit Kronen aus Ölbaumzweigen schmückten.

LINKS

*Oliven und das daraus gewonnene Öl gehören seit tausenden von Jahren zu den wichtigsten landwirtschaftlichen Erzeugnissen des Mittelmeerraumes.*

Syrien oder Palästina. Auf der Ägäis-Insel Santorin wurden versteinerte Blätter gefunden, die fast 40 000 Jahre alt sind, und archäologische Funde weisen darauf hin, dass der Baum vor ca. 10 000 Jahren im östlichen Mittelmeerraum erstmals domestiziert worden ist.

UNTEN
*Wie hier in Süditalien werden unter den Ölbäumen oft Netze oder Stoffbahnen ausgelegt, die das Einsammeln der Früchte erleichtern.*

Die Taxonomen sind sich noch nicht einig über die Herkunft des kultivierten Ölbaums. Manche meinen, er stamme vom wilden Ölbaum *(O. oleaster)* oder vom weiter verbreiteten *O. chrysophylla* ab. Andere sind der Auffassung, dass *O. europaea* selbst die Stammform aller Ölbäume sei. Fest steht jedenfalls, dass die Produktivität des Baumes durch die sorgfältige Pflege und die Experimente ganzer Generationen von Menschen der Frühzeit gefördert und erhöht wurde. So entdeckte man z. B., dass Ölbaumtriebe veredelt und wieder ausgepflanzt werden konnten. Auch sorgfältiger Schnitt und geeignete klimatische Bedingungen (heiße Sommer und die für den Fruchtansatz notwendigen niedrigeren Temperaturen im Winter) trugen dazu bei, dass die Früchte des Ölbaums eine immer bessere Qualität erreichten.

## EIN WERTVOLLER BAUM

Der Ölbaum war zweifellos einer der von den alten Hebräern am meisten geschätzten Bäume, was sich auch in zahlreichen Erwähnungen in der Bibel niedergeschlagen hat. So wird der Baum in Psalm 128 als Symbol des Wohlstandes, der Fülle und des göttlichen Segens dargestellt: „Selig, wer immer den Herrn fürchtet, … Deine Söhne sind wie Ölbaumsetzlinge rings um deinen Tisch." Auch bei den Christen des Mittelalters gab es zahlreiche Mythen, in denen der Ölbaum eine Rolle spielte.

In alten Zeiten kam der Verwendung von Olivenöl bei religiösen und anderen Zeremonien eine große Bedeutung zu. In der Heiligen Schrift und in der Literatur der Antike gilt das Olivenöl als Sinnbild der Güte und der Reinheit, und möglicherweise bildete dieses Öl die Grundlage für das kostbare Nardenöl, mit dem Jesus' Füße vor dem Letzten Abendmahl gesalbt wurden. In biblischen Zeiten symbolisierte das Olivenöl auch Herrschaft und spielte z. B. bei Krönungszeremonien eine wichtige Rolle. So wurde Saul, der erste König Israels, gekrönt, indem seine Stirn mit Olivenöl eingerieben wurde. Olivenöl wurde auch bei der Vorbereitung von Opfergaben, bei Bestattungsriten, für Parfums und Kosmetika sowie als Heilmittel verwendet.

Fachleute für die zur damaligen Zeit kultivierten Pflanzen haben darauf verwiesen, dass mit den häufig erwähnten „Gärten" in der Bibel oft Ölbaumhaine oder -gärten ge-

VORHERGEHENDE SEITEN

*Ölbäume auf vor langer Zeit angelegten Terrassen im wunderschönen Bcharrétal im Libanon.*

UNTEN

*Dieser alte Stich zeigt die Ölbäume im Garten Gethsemane.*

meint sind. Je reicher der Besitzer eines solchen Hains war, desto wahrscheinlicher war es, dass er neben den unverzichtbaren Ölbäumen auch andere Kulturen anlegte (z. B. Mandel-, Feigen- und Pistazienbäume). Ein nicht zu unterschätzender Nutzen dieser Gärten bestand und besteht noch heute darin, dass sie vor der intensiven Sonnenstrahlung schützten und tagsüber einen schattigen Platz zum Ausruhen abgaben. In allererster Linie aber wurden sie natürlich wegen der wertvollen Oliven für Küche und Ölgewinnung angelegt.

Der berühmteste biblische Garten dieser Art ist der im Neuen Testament erwähnte Garten Gethsemane. Er lag am Fuße des Ölberges, wo Ölpressen in Betrieb waren. In der Bibel heißt es, dass Jesus, bevor er verraten und gekreuzigt wurde, mit seinen Jüngern in den Garten Gethsemane ging, um zu beten: „Dann ging er hinaus und begab sich seiner Gewohnheit gemäß an den Ölberg“ (Lukas 22,39). Dort wurde er ergriffen und schließlich an das Kreuz aus Olivenholz genagelt.

Vom ursprünglichen Garten Gethsemane ist zwar heute nicht mehr viel übrig, doch einige der erhalten gebliebenen Ölbäume sollen zu Zeiten Christi gepflanzt worden sein. Sie wären damit ca. 2000 Jahre alt. Andere sehr alte Exemplare sind die Bäume in Filitosa auf Korsika (ihr Alter wird auf 1000 Jahre geschätzt, und möglicherweise sind sie so alt wie die Megalithen in unmittelbarer Nähe), in Roquebrune an der Französischen Riviera (einer davon wird der „König der Könige“ genannt und soll 2000 Jahre alt sein) und zwei uralte Ölbäume auf der Insel Sardinien.

Es war vor allem die Gewinnung wertvollen Öls, die den Ölbaum zu einer Kulturpflanze von so entscheidender Bedeutung für das Leben und die Wirtschaft der Menschen in den Mittelmeerländern und im Nahen Osten werden ließ. Oliven wurden zur Währung des Mittelmeerraums und spielten eine zentrale Rolle in den Kulturen der großen Reiche Assyrien und Ägypten sowie der Griechen, Perser und Römer. Einige der schönsten Artefakte, die diese Völker hinterlassen haben, darunter Fresken und Mosaiken, zeigen Szenen des Olivenanbaus.

Zweifellos waren der Ölbaum und seine Frucht von enormer Bedeutung für die Phönizier, ein an der Ostküste des Mittelmeeres lebendes semitisches Volk, dessen Kultur nach 1800 v. Chr. ihre Blütezeit hatte. Die Phönizier waren hervorragende Seefahrer und richteten im gesamten östlichen Mittelmeerraum und darüber hinaus Handelsfaktoreien ein. Es wird angenommen, dass sie den Olivenanbau im Jahre 600 v. Chr. in die Provence (damals unter dem Namen Massilia bekannt) brachten, indem sie Stecklinge aus Kleinasien auf wildwachsende provençalische Bäume pfropften. Durch archäologische Ausgrabungen wurde festgestellt, dass zu dieser Zeit in Aix-en-Provence und an anderen Orten in Südfrankreich ausgedehnte Ölbaumplantagen bewirtschaftet wurden. Die Phönizier pflanzten auch in Nordafrika große Olivenhaine an, und die nordafrikanischen Mauren brachten viele Bäume nach Spanien mit.

Auch die Griechen nahmen den Ölbaum mit, wohin sie auch gingen. So brachten sie den Baum zwischen dem zehnten und achten Jahrhundert v. Chr. nach Sizilien. Bis zum sechsten Jahrhundert v. Chr. hatten sie den Großteil ihrer ursprünglichen Wälder gerodet, um Oliven anzubauen. Das Olivenöl wurde zu einem florierenden Exportartikel. Ihren Reichtum aus dem Öl- und Weinhandel nutzten die Griechen zum Bau der großen Stadt Syrakus auf Sizilien. Von dort aus gelangte der Ölbaum auch auf das italienische Festland.

Etwa 1500 v. Chr. hatten die Ägypter, die den Ölbaum ebenfalls in Ehren hielten, ihn aus Syrien nach Ägypten gebracht, um ihn dort selbst anzubauen. Die Olive war den Ägyptern so wichtig, dass einigen der mumifizierten Pharaonen goldene Nachbildungen mit ins Grab in den Pyramiden gegeben wurden. Um 600 v. Chr. war die Olive auch für die Römer zu einer wichtigen Kultur geworden – so wichtig, dass sie eine gesonderte Börse und Handelsflotte für Olivenöl einrichteten. Die Römer wurden solche Experten, was die verschiedenen von ihnen angebauten Oliven betraf, dass sie in ausgelassener Stimmung bei Tisch auch mit verbundenen Augen bestimmen konnten, welcher Herkunft bestimmte Oliven und Ölsorten waren. Die Früchte wurden als Appetithäppchen und Zwischenmahlzeit verwendet (so wie heute auch noch) und vielen Gerichten beigefügt. Sie pflanzten auch in Nordafrika und Frankreich große Olivenhaine an.

UNTEN

*Selbst sehr alte Ölbäume bringen weiter gute Erträge.*

Im 10. Jahrhundert n. Chr. waren solche Haine an der gesamten Mittelmeerküste in Südeuropa und Nordafrika zu finden.

Die Schönheit des Ölbaums wird seit tausenden von Jahren in Kunstwerken gepriesen. Abbildungen der Bäume oder Früchte finden sich auf minoischen Fresken, griechischen Tongefäßen, römischen Silbervasen und auf unzähligen Friesen und Reliefs der Antike.

## DER UNSTERBLICHE ÖLBAUM

Mit seinen lanzettförmigen immergrünen Blättern – die an der Oberseite von einem dunklen Graugrün und an der Unterseite silberweiß sind – und dem knorrigen, grauen Stamm, den alte Bäume aufweisen, ist der Ölbaum eine der prägendsten Pflanzen der Mittelmeervegetation. Die Bäume können zwar ca. 15 m hoch werden, in der Regel sind sie aber erheblich niedriger. In einigen Gebieten (Provence, Griechenland, Zypern) werden sie in 5–7 m Höhe geköpft, um die Erträge zu verbessern und die Ernte zu erleichtern.

Manche Experten sind der Meinung, dass Ölbäume über 1500 Jahre alt werden können. Sie gehören also neben Eiben, Winterlinden und Edelkastanien zu den ältesten Bäumen Europas. Plinius der Ältere (23–79 n. Chr.), der römische Naturforscher und Geschichtsschreiber, berichtet, dass die Athener einen Baum verehrten, dessen Alter sie mit 1600 Jahren angaben.

*Das Raunen eines Ölbaumhaines hat etwas sehr Intimes, unwahrscheinlich Altehrwürdiges an sich. Es ist zu schön, als dass ich versuchen könnte, es zu verstehen, oder gar wagen könnte, es zu malen*

VINCENT VAN GOGH (1853–1890)

Der Ölbaum entwickelt sich sehr langsam und kann bis zur vollen Reife und Produktivität mehrere Jahrzehnte benötigen. Bis zu einem Alter von 150 Jahren sollen die Erträge des Baumes nicht nachlassen, doch auch lange danach kann er noch eine gute Ernte hervorbringen. Plinius erwähnt einen Olivenhain, der trotz seines Alters von mehr als 700 Jahren noch Erträge brachte. Alte Ölbäume werden sehr knorrig und nehmen oft groteske Formen an, die einen schönen Kontrast zu den hellen, silbrigen Blättern bilden. Mit ca. 200 Jahren sieht man einem Ölbaum sein Alter wirklich an: Äste und Stamm sind gekrümmt und verdreht, während an der Basis neue Triebe hervorbrechen. Diese werden mit der Zeit zu eigenständigen Bäumen heranwachsen. Einige Botaniker glauben, dass ein einzelner Ölbaumstamm nicht viel länger als 700 Jahre lebt, dass sein massiver Wurzelballen aber noch über Jahrhunderte neue Triebe produziert. Es werden auch neue Wurzeln gebildet, wenn die alten absterben.

Diese Fähigkeit sowie die Produktion neuer Triebe oder Schösslinge, die zu neuen Bäumen werden, auch nachdem der ursprüngliche Stamm abgestorben ist oder gefällt wurde, begründeten den Ruf des Ölbaums, unsterblich zu sein. Selbst wenn es stimmt – wie zeitgenössische Chroniken berichten –, dass der römische Kaiser Titus Vespasian (9–79 n. Chr.) im Jahre 70 die Ölbäume im Garten Gethsemane fällen ließ, vernichtet hat er sie damit offenbar noch lange nicht.

Der Ölbaum ist langsamwüchsig und widerstandsfähig und braucht nur sehr wenig Wasser. Er kann es in sehr großer Tiefe aufspüren und seine Wurzeln auf der Suche danach bis zu 6 m in den Boden eindringen lassen. Ölbäume sind dadurch zwar so beschaffen, dass sie auch in trockenen, ja regelrecht ausgedörrten Böden überleben können, auf Bewässerung und Düngung sprechen sie jedoch hervorragend an. Die Erträge werden

GEGENÜBERLIEGENDE SEITE

*Einer der ältesten Ölbäume auf Zypern. Der Legende nach soll der älteste Baum aus einem Kern gewachsen sein, den ein die Insel bereisender Jünger Jesu ausspuckte.*

stabiler und größer, wenn die Bäume auf diese Weise unterstützt werden. Doch damit überhaupt verwertbare Früchte hervorgebracht werden können, ist der Baum noch auf andere Weise vom Eingreifen des Menschen abhängig: Er muss veredelt werden. Aus Sämlingen oder Schösslingen entstandene Bäume produzieren nur kleine, minderwertige Früchte. Sie müssen deshalb auf eine Zuchtsorte okuliert oder gepfropft werden, um sich gut entwickeln zu können. Oft werden Stecklinge auf die Stümpfe alter Bäume gepfropft. Gegenwärtig gibt es ca. 700 Sorten.

UNTEN
*Ölbaumhaine sind ein charakteristischer Bestandteil vieler Landschaften im Mittelmeerraum, hier z. B. in Süditalien.*

Im Frühsommer bringt der Ölbaum eine Vielzahl kleiner weißer duftender Blüten hervor, die in Gruppen unter den Blättern des Vorjahres erscheinen. Sie werden vom Wind bestäubt. Gefahren drohen von starkem Wind, heftigem Regen und Spätfrösten, denen die Blüten zum Opfer fallen können. Da eine Vielzahl von Umweltfaktoren auf die Bäume einwirkt, ist die Fruchtproduktion oft unregelmäßig. Ein Baum kann in einem Jahr eine Rekordernte bringen und im nächsten nicht einmal blühen.

Die schwarzen und grünen Oliven, die wir kennen, stammen nicht von verschiedenen Bäumen. Die Früchte des Ölbaums sind zunächst grün, nehmen aber einen seidigen, dunkelblauen oder blauschwarzen Ton an, wenn sie heranreifen, prall von goldenem Öl. In diesem Zustand der Reife halten sie sich einige Wochen am Baum, bevor sie herunterfallen. Seit Generationen betrachten die Bauern, die auf traditionelle Weise und im kleinen Maßstab arbeiten, den Olivenanbau als eine Kunst, die Geduld, spezielle Kenntnisse und ein Gefühl für die Bäume verlangt, wie man es sonst vielleicht nur für Menschen hat. Ein französischer Olivenbauer aus der Provence drückt es so aus: „Ölbäume reagieren auf den Menschen, sie interagieren … Es gibt nirgendwo einen leidenschaftlicheren Baum, keinen, der so auf den Menschen eingeht wie der Ölbaum."

In Teilen des Mittelmeerraumes gab es die merkwürdige Ansicht, der Ertrag sei abhängig von der Moral der Olivenpflücker und -pflückerinnen. So durften die Bäume im alten Griechenland zeitweise nur von Jungfrauen und jungen Männern, die ein Keuschheitsgelübde abgelegt hatten, abgeerntet werden. Auch in einigen Teilen Italiens war bis vor kurzem die Auffassung verbreitet, dass der Olivenertrag auf Tugend und Moral positiv reagiere. Wenn die Früchte von kleinen, unschuldigen Kindern geerntet würden, fiele der Ertrag reicher aus, wäre der Bauer aber z. B. seiner Frau untreu, würde sich sein Fehlverhalten in einer schlechten Ernte niederschlagen!

Seit tausenden von Jahren sind Ölbäume gleichbedeutend mit Land und Landbesitzrechten. Viele Menschen – wie z. B. die Palästinenser – sind der Meinung, dass ihre Identität untrennbar mit ihren Bäumen verbunden ist. Es ist traurig, dass die Ölbäume im Heiligen Land heute eher Kriegsziele als Symbole des Friedens sind: In den Kämpfen um bestimmte Gebiete werden sie oft als Erstes zerstört.

OBEN

*Da Ölbäume so wenig Wasser benötigen, ist ihr Holz extrem hart. In der Vergangenheit wurde es vielfältig genutzt, heute wird es hauptsächlich für Möbel und Drechslerarbeiten verwendet.*

## DIE OLIVENERNTE

In den Mittelmeerländern findet die Olivenernte in den Herbst- und Wintermonaten statt. Der genaue Zeitpunkt hängt zum einen von den konkreten klimatischen Bedingungen ab, zum anderen aber auch von den Ansprüchen des Bauern.

Generell kann man sagen, dass das Pflücken per Hand immer noch die am weitesten verbreitete Methode ist. Sie ermöglicht es, die besten Früchte für die Verwendung als Speiseoliven auszusondern, ohne den Baum zu beschädigen. Andernorts lässt man die Oliven so lange hängen, bis sie von selbst vom Baum fallen. Bei einer weiteren, vor allem in Italien und Spanien angewendeten Methode wird mit langen Stangen gegen die Bäume geschlagen, manchmal wird auch eine Art grobzinkiger Kamm durch die Krone gezogen, der die Früchte löst. Zu biblischen Zeiten wurden die Ölbäume zur Ernte geschüttelt oder geschlagen.

Man braucht ca. 5 kg Oliven, um einen Liter Öl herzustellen. Der Großteil des Öls kommt aus der fleischigen Hülle der Olive. Die einfachste und älteste Methode des Ölpressens lässt sich über 6000 Jahre zurückverfolgen. Im östlichen Mittelmeerraum wurden die Oliven zuerst in einem Mörser zerstampft. Der dabei entstehende Brei wurde in ein Tongefäß gefüllt, mit heißem Wasser übergossen und mit der Hand geknetet. Da Öl leichter ist als Wasser, setzte sich das aus den Früchten gedrückte Öl oben ab und konnte abgeschöpft werden.

*Die ganze Welt des Mittelmeeres, die Skulpturen, die Palmen, die goldenen Perlen, die bärtigen Helden, der Wein, die Gedanken, die Schiffe, das Mondlicht, die geflügelten Gorgonen, die bronzenen Männer, die Philosophen – alles das scheint der saure, beißende Geschmack dieser schwarzen Oliven heraufzubeschwören …
Ein Geschmack, älter als Fleisch, älter als Wein. Ein Geschmack so alt wie kühles Wasser.*

LAWRENCE DURRELL (1912–1990), *PROSPERO'S CELL*

Menschen, die in Gesellschaft von Ölbäumen leben, sagen, sie reinigten die Luft. Als sie an ihrem 121. Geburtstag gefragt wurde, wie sie zur ältesten Frau der Welt werden konnte, antwortete Jeanne Calment aus dem französischen Arles nur: „Olivenöl!“ Und vielleicht wird der Ölbaum im dritten Jahrtausend vorrangig als Spender eines gesunden Nahrungsmittels geachtet und verehrt.

# WELWITSCHIE

## *Der Zwergbaum der Wüste Namib*

BOTANISCHER NAME
*Welwitschia mirabilis*

•

VERBREITUNG
Die nördlichen Kiesebenen der Wüste Namib, vom Kuiseb River bis Südangola.

•

ÄLTESTES LEBENDES EXEMPLAR
Die Radiokohlenstoffdatierung der größten namibischen Bäume hat ergeben, dass sie mehr als 2000 Jahre alt sind.

Die *Welwitschia mirabilis,* benannt nach dem aus Österreich stammenden Arzt und Botaniker Friedrich Welwitsch (1807–1872), der die bizarre Pflanze 1859 als erster Europäer zu Gesicht bekam, wächst – wie wir heute wissen – nur in den Kiesebenen der nördlichen Wüste Namib, vom Fluss Kuiseb bis nach Südangola. In manchen Gebieten sind sie sehr zahlreich und dominant.

Man glaubt, dass die Entwicklungsgeschichte der Welwitschie sehr lang und die Pflanze eine Art „lebendes Fossil" ist – ein Verbindungsglied zur prähistorischen Flora des Urkontinents Gondwanaland, der vor Millionen von Jahren existierte. Form und Proportionen der Pflanze sind so ungewöhnlich, dass es im Pflanzenreich überhaupt nichts Vergleichbares gibt. Da sie keiner anderen Pflanze ähnelt, ist die Welwitschie eine Art für sich, die gleichzeitig eine eigene Gattung bildet.

*Von all den seltsamen und wunderbaren alten Bäumen, die es weltweit gibt, ist die Welwitschie wahrscheinlich die Art, die am meisten wie eine außerirdische Lebensform wirkt. Zur Hälfte im Sand der Mondlandschaft der Namib vergraben, ähnelt sie keinem anderen Baum. Der erste Europäer, der die Welwitschie zu Gesicht bekam, fand ihren Anblick in der Tat so unglaublich, dass er sich kaum traute, die Hand auszustrecken und die Pflanze zu berühren, aus Angst, ein Trugbild vor sich zu haben.*

Der Name, mit dem die Pflanze von den in der westlichen Zentralnamib lebenden Topnaar bezeichnet wird, lautet *otji-tumbo* oder „Großer Herr", in Afrikaans heißt sie *tweeblaarkanniedood* oder „Zwei-Blätter-können-nicht-sterben".

Der „Stamm" der Welwitschie hat die Form eines umgedrehten Kegels, der mit einer riesigen Pastinake vergleichbar und fast vollständig im Sand eingegraben ist. Dieser Stamm, der einen Umfang von 1,20 m oder mehr erreichen kann, ragt nur selten mehr als einen Meter aus dem Boden. Er läuft in einer Pfahlwurzel aus, die bis zu drei Meter in den Wüstenboden eindringen kann. Der Stamm ist zwar hauptsächlich ein Organ zum Wasserspeichern, ist jedoch so hart wie das härteste Holz und von einer gerillten, korkähnlichen Borke umhüllt.

Aus dem zum Großteil unterirdischen Stamm wächst eine struppige Krone, deren Blätter sich über den trockenen Wüstenboden breiten und den Eindruck eines vom Wüstenwind zerzausten Schopfes machen. Dabei bringt die erwachsene Pflanze lediglich ein einziges Paar ledriger Blätter hervor, die aus tiefen Furchen an gegenüberliegenden Seiten des breiten, gedrungenen „Stammes" wachsen, dazwischen befindet sich ein deutlich ausgeprägter Krater. Die Blätter, die eine grünlich-braune Färbung aufweisen, können bei alten Bäumen erstaunliche 1,80 m lang werden. Sie sind die einzigen Blätter, die der Baum in seinem ganzen Leben hervorbringt – und das kann immerhin einen Zeitraum von mehreren Tausend Jahren umfassen. Die aus den Furchen wachsenden Blätter sind zunächst breit, ledrig und stark gerippt. Mit der Zeit werden sie vom heftigen Wüstenwind jedoch in schmale Streifen gerissen. Diese Streifen verdrehen und biegen sich, verschlingen sich ineinander und bilden unordentliche Haufen zu beiden Seiten der Krone.

Alles an der Welwitschie ist ungewöhnlich, so auch die Art und Weise der Blüte. Die Bäume sind entweder männlich oder weiblich – die männlichen Bäume bringen zapfenförmige rote Gebilde hervor, die sich ca. 30 cm über den Stamm erheben. Die eigentlichen „Blüten" sprießen aus den Knospenschuppen der Zapfen. Der Blütenstaub wird von Insekten auf die rötlichen Zapfen der weiblichen Bäume übertragen. Nach der Bestäubung produziert die weibliche Pflanze kleine geflügelte Samen, die vom Wind fortgetragen werden. Die Samen können jahrelang im Sand oder in Felsspalten ruhen, bevor sie keimen.

OBEN
*Das Alter dieser Welwitschie wird auf über 1500 Jahre geschätzt, der Baum ist aber nur 1,50 m hoch.*

## URALTE ÜBERLEBENDE DER NAMIBWÜSTE

Welwitschien sind echte Überlebenskünstler. Nicht genug damit, dass sie unter den extremen Bedingungen der Wüste Namib überhaupt gedeihen, sie können jüngsten Untersuchungen zufolge sogar tausende von Jahren alt werden. Durch Radiokohlenstoffdatierung von Welwitschien wurde das Alter einiger Bäume bestimmt. Es stellte sich heraus, dass einige größere Exemplare, deren Stammumfang am Kronenansatz über einem Meter lag, mehr als 2000 Jahre alt waren, doch selbst Pflanzen von bescheidener Größe zählten über 700 Jahre.

Das extrem hohe Alter, das die Welwitschie erreichen kann, ist wie bei anderen Baumarten mit sehr alten Exemplaren möglicherweise Teil ihrer langfristigen Überlebensstrategie. Es kann sein, dass im westlichen Afrika Klimazyklen ablaufen, die in hunderten, wenn nicht tausenden von Jahren gemessen werden. Unbestritten ist, dass die Regenmenge in bestimmten Teilen Afrikas in der Vergangenheit deutlich größer war als heute, es kann also sein, dass die Welwitschie an einen Zyklus klimatischer Veränderungen angepasst ist, dessen Spannweite unsere Vorstellungskraft bei weitem übersteigt.

Da in der Wüste in drei von vier Jahren überhaupt kein Regen fällt, hat die Welwitschie die Fähigkeit entwickelt, das wenige zur Verfügung stehende Wasser optimal zu nutzen und zu speichern. Schon bei ersten Untersuchungen entdeckte man die lange Pfahlwurzel, von der man annahm, sie würde tief in den Boden eindringen und Grundwasser aufnehmen. Jüngere Forschungen haben jedoch ergeben, dass die Pfahlwurzel zwar in den aller vier Jahre auftretenden Regenperioden eine wichtige Rolle spielt, dass die Pflanze aber eine viel ausgeklügeltere Methode der Wasseraufnahme entwickelt hat. Die Welwitschie wächst in Teilen der Namib, in denen das ganze Jahr über dichte, vom Meer hereinziehende Nebel auftreten und so nutzt sie kondensierten Nebel und Tau zur Wasserversorgung. Die speziell angepassten Poren auf den Blättern fangen die kostbare Feuchtigkeit aus der Luft ein, während das Wasser durch die zerrissenen und verknäulten Blätter in den Sand geleitet wird, wo es von den Wurzeln aufgenommen werden kann.

Eine andere Überlebensstrategie der Welwitschie besteht darin, dass sie für grasende Tiere ungenießbar ist. Die Blätter und die Borke enthalten Bitterstoffe, die die meisten Tiere abschrecken. Nur vom Spitzmaulnashorn weiß man, dass es sich ab und zu an der Welwitschie gütlich tut. Der Baum gibt über Stamm und Blätter auch ein farbloses Harz ab, das ihn vor den meisten Insekten und Krankheiten schützt. Eine Bewohnerin hat der Zwergbaum jedoch, eine gelb-schwarze Feuerwanze *(Probergrothius sexpunctatis)*, der es irgendwie gelungen ist, das Abwehrbollwerk der Pflanze zu überwinden, und die von dem Saft lebt, den sie ihr aussaugt. Ganz hat es die alte Überlebende der Wüste also nicht geschafft, unantastbar zu bleiben.

Ein weiterer ungewöhnlicher Aspekt des Lebens der Welwitschie ist, dass verschiedene, nah beieinander wachsende Pflanzen zu größeren Komplexen verschmelzen. Der englische Botaniker H. H. W. Pearson schrieb 1909:

„Von drei solchen verbundenen Gruppen bestand eine aus fünf miteinander verschmolzenen Pflanzen – eine davon männlich und vier weiblich. Eine der weiblichen Pflanzen, die eine zentrale Position einnahm, war in der Mitte der Länge nach aufgespalten, von der Krone abwärts, und in diesem Spalt wuchs eine andere Pflanze. Ein zweiter Klumpen beinhaltete mindestens zwei weibliche Pflanzen: sie waren so eng miteinander verbunden, dass es unmöglich war, Individuen zu unterscheiden. In einer dritten Gruppe, der größten der drei, war die Zahl der Einzelpflanzen überhaupt nicht zu bestimmen. Offenbar enthielt die zweite Gruppe keine männlichen Pflanzen, während die dritte ausschließlich aus männlichen Pflanzen bestand.

LINKS

*Die Welwitschie hat sich an die harten Umweltbedingungen der Wüste Namib angepasst, wo es pro Jahr weniger als 3 cm Niederschläge gibt.*

OBEN UND RECHTS

*Die männlichen Blüten (oben) produzieren einen roten Blütenstaub, der von Insekten auf die weiblichen Blüten (rechts) übertragen wird. Wenn die Samen der weiblichen Zapfen ausgereift sind, werden sie vom Wind verbreitet.*

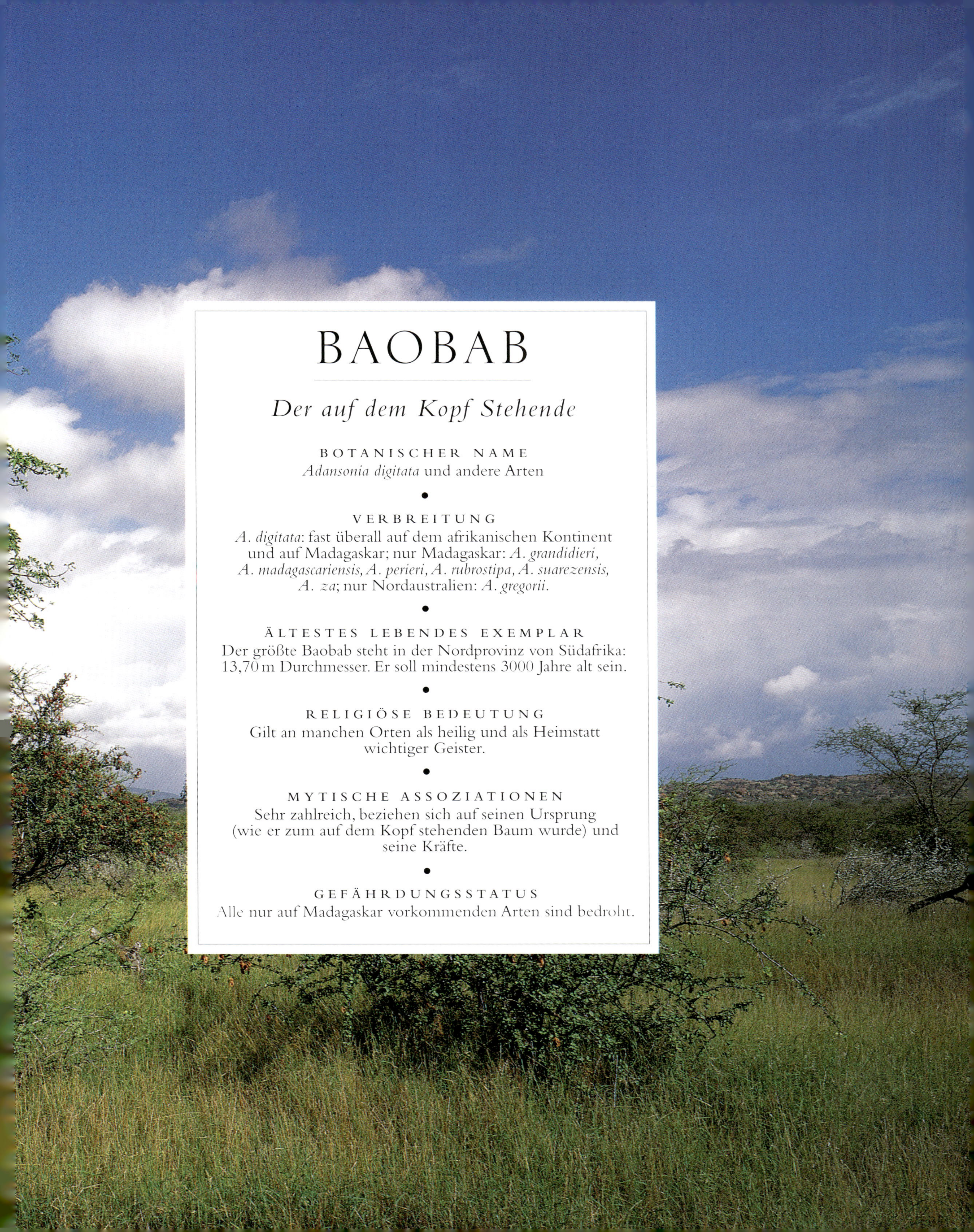

# BAOBAB

## *Der auf dem Kopf Stehende*

BOTANISCHER NAME

*Adansonia digitata* und andere Arten

•

VERBREITUNG

*A. digitata*: fast überall auf dem afrikanischen Kontinent und auf Madagaskar; nur Madagaskar: *A. grandidieri, A. madagascariensis, A. perieri, A. rubrostipa, A. suarezensis, A. za*; nur Nordaustralien: *A. gregorii*.

•

ÄLTESTES LEBENDES EXEMPLAR

Der größte Baobab steht in der Nordprovinz von Südafrika: 13,70 m Durchmesser. Er soll mindestens 3000 Jahre alt sein.

•

RELIGIÖSE BEDEUTUNG

Gilt an manchen Orten als heilig und als Heimstatt wichtiger Geister.

•

MYTISCHE ASSOZIATIONEN

Sehr zahlreich, beziehen sich auf seinen Ursprung (wie er zum auf dem Kopf stehenden Baum wurde) und seine Kräfte.

•

GEFÄHRDUNGSSTATUS

Alle nur auf Madagaskar vorkommenden Arten sind bedroht.

WIE ER SO AUS DEM GRAS der Savanne emporragt, bietet Afrikas berühmtester und charakteristischster Baum mit seiner gedrungenen Gestalt und seinem dicken, grotesk geformten Stamm ein eindrucksvolles Bild. Er ist oft breiter als hoch, und wenn man die wurzelartigen Äste betrachtet, die den Großteil des Jahres unbelaubt sind, versteht man, warum dieser merkwürdige Baum auch liebevoll als „Der auf dem Kopf Stehende" bezeichnet wird.

Die am weitesten verbreitete Baobab-Art, *Adansonia digitata*, erstaunt Reisende schon seit mehr als 400 Jahren. Als erster Europäer beschrieb Prospero Alpini den Baum in seinem 1592 erschienenen Werk *De plantis Aegyti liber* (Buch von den Pflanzen Ägyptens). Diese Baobab-Art, die auch unter dem Namen Affenbrotbaum bekannt ist, kommt in weiten Teilen des afrikanischen Kontinents vor, vom Sudan im Norden bis zur südafrikanischen Nordprovinz im Süden, von den Kapverdischen Inseln im Westen bis Äthiopien und Madagaskar im Osten. Insgesamt gibt es acht Arten des Baobabs; sechs davon kommen nur auf der Insel Madagaskar vor, eine weitere nur in Nordaustralien.

*Ein Gigant von einem Baum, ein grauer, unförmiger, alter Kobold mit dem Umfang eines Riesen, der Haut eines Nashorns und dürren Fingern, die sich in der leeren Luft festkrallen.*

HILARY BRADT, *GUIDE TO MADAGASCAR*

Der nachgewiesenermaßen größte lebende Baobab befindet sich in Sagole in der Nordprovinz Südafrikas. Sein Stammdurchmesser beträgt unglaubliche 13,70 m. Manche Fachleute vertreten heute die Auffassung, dass es in der Vergangenheit durchaus Bäume mit einem Durchmesser von über 15 m gegeben hat. Der schottische Missionar und Forschungsreisende David Livingstone (1813 – 1873) machte einst Station unter einem Baobab, der einen Stammumfang von 26 m hatte, und es gibt zahlreiche Bäume mit einem Umfang von 10 m und mehr. Ein interessanter Aspekt, der die Bestimmung der genauen Maße bei Baobabs erschwert, besteht darin, dass die Größe des Stamms jahreszeitgebunden schwanken kann, je nachdem, ob Wasser gespeichert oder verbraucht wird.

Der französische Botaniker Michel Adanson (1727 – 1806) machte für einige der Bäume, die er gesehen hatte, Altersangaben, die von vielen als gotteslästerlich angesehen wurden. Das höchste Alter, das er einem einzelnen Baum zuwies, war 6000 Jahre. Diese Angabe bedeutete, dass der Baum sein Leben vor der Sintflut des Alten Testaments begonnen haben musste, von der man damals allgemein annahm, sie habe gerade einmal 4000 Jahre zuvor stattgefunden. Die meisten Naturwissenschaftler der damaligen Zeit lehnten Adansons Berechnungen ab, doch jüngere Untersuchungen von Jahresringen und Radiokohlenstoffdatierung von Material, das lebenden Bäumen entnommen wurde, belegen, dass Baobabs tatsächlich sehr alt werden können. So wurde z. B. festgestellt, dass ein Baum mit einem Umfang von gerade einmal 4,50 m über 1000 Jahre alt

GEGENÜBERLIEGENDE SEITE

*Die bemerkenswerteste Eigenschaft des Baobabs ist weder seine Höhe noch das Ausmaß seiner Krone, sondern die enorme Dicke seines Stammes.*

OBEN
*Der massive Stamm des Baobabs von Sagole in Südafrika hat einen Durchmesser von 13,70 m. Er ist wahrscheinlich der Baum mit dem dicksten Stamm der Welt.*

ist. Bei den meisten großen Baobabs Afrikas wurde zwar keine exakte Altersbestimmung vorgenommen, doch Schätzungen auf der Grundlage der oben erwähnten Daten weisen darauf hin, dass einige gewiss mehr als 4000 Jahre alt sind. Untersuchungen zum Alter der in Australien beheimateten Baobabs *(A. gregorii)*, die auch als Boab- oder Flaschenbäume bezeichnet werden, lassen vermuten, dass diese ebenfalls über 2000 Jahre alt werden können. Die madagassischen Arten wurden bisher kaum untersucht, über ihr Alter können daher nur Vermutungen angestellt werden. Wir wissen jedoch – z. B. von dem hohen Alter, das die Grannenkiefer erreichen kann –, dass nichtalltägliche Wachstumsbedingungen Bäume hervorbringen können, die zwar nicht besonders groß, aber dafür sehr alt werden; d. h. einige relativ kleine Baobabs könnten trotzdem unwahrscheinlich alt sein.

Der am weitesten verbreitete afrikanische Baobab *(A. digitata)* ist ein faszinierender

Baum. Er ist normalerweise nicht sehr hoch, meist zwischen 14 und 23 m. Beeindruckend ist jedoch seine enorme Dicke. Der Hauptstamm ist gewöhnlich zylindrisch und läuft unvermittelt in eine Reihe relativ kleine, dünne, weit ausladende Äste aus. Baobabs sind Laub werfende Bäume, das neue Laub erscheint im späten Frühjahr oder Frühsommer. Die Blätter von *A. digitata* bestehen aus fünf bis sieben Teilblättchen, die wie Finger einer Hand aussehen. Daher kommt auch der botanische Name *digitata*. Die Bäume haben 13–18 cm große weiße Blüten, die süß duften. Sie werden von einer ganzen Reihe nachtaktiver Tiere bestäubt, darunter Fledermäuse und Buschbabys. Die eiförmigen Früchte sind von einer grünen samtartigen Substanz überzogen, sodass man denken könnte, von den Ästen hingen Geldbeutel aus Samt. Die dicke, holzige Schale der Frucht umschließt ein weiches weißes Fleisch, in dem sich eine Anzahl schwarzer Kerne befinden. Diese essbare Frucht gilt besonders bei Pavianen als Delikatesse, daher auch der volkstümliche Name des Baobabs: Affenbrotbaum.

## DER LEBENSBAUM

Für viele der afrikanischen Völker ist der Baobab nicht einfach nur ein vertrauter Bestandteil der Savannenlandschaft, sondern im wahrsten Sinne des Wortes ein „Lebensbaum“. Die spezielle Fähigkeit des Baobab, in Dürrezeiten Wasser zu speichern, hat es vielen sesshaft gewordenen Gemeinschaften und nomadisierenden Völkern ermöglicht zu überleben, wie weit sie auch von einem Wasserlauf entfernt sein mögen. Über tausende von Jahren hat die Existenz dieser ungewöhnlichen Bäume die Wanderung und Ausbreitung großer afrikanischer Ethnien, wie z. B. der Bantu, gefördert.

Der Baobab hat einen enormen Stamm, der als Organ zum Wasserspeichern fungiert: Die größten Baobabs können mehr als 136 000 Liter Wasser enthalten. Viele afrikanische Völker lernten schon früh, sich diese unschätzbare Fähigkeit zunutze zu machen. So fügen z. B. die Buschmänner der Kalahari hohle Grashalme zu einer Art längerem Trinkhalm zusammen, mit dem sie an das Wasser im Inneren des Stammes gelangen und davon trinken können. Im Sudan werden manche großen Baobabstämme künstlich ausgehöhlt, damit sie in der Regenzeit viel Wasser auffangen.

Der Baobab wird jedoch nicht nur wegen seiner Eigenschaft als Wasserspeicher geschätzt, er liefert auch das Material für eine Reihe nützlicher Produkte, die eine wichtige Rolle für die Lebensweise vieler Menschen spielen. Wird die Borke vom Stamm abgeschält, kommt darunter eine Bastschicht zum Vorschein, die kräftige Fasern zur Herstellung von Seilen, Säcken und Netzen liefert. Sogar Kleiderstoff wird daraus gewebt. Die Fasern werden auch zu Saiten für Musikinstrumente und zu wasserdichten Hüten verarbeitet. Glücklicher-

### EIN HEILENDER BAUM

Baobabs werden schon seit tausenden von Jahren für medizinische Zwecke genutzt. In Afrika wird ihre Borke heute noch zur Bekämpfung von Fieber verwendet. In Europa wurde sie bei der Malariabehandlung eine Zeit lang an Stelle von Chinarinde (aus der Chinin gewonnen wird) eingesetzt. Die Blätter und Blüten sind auf Grund ihres hohen Gehalts an Vitamin C und Kalzium ein wichtiges Vorbeugungsmittel gegen bestimmte Krankheiten. In einigen Teilen Afrikas wird das Fleisch der Baobabfrüchte verbrannt und der Rauch zur Ausräucherung von Insekten eingesetzt, die Haustiere befallen.

LINKS

*Die Blätter und das Fruchtfleisch des Baobabs enthalten ebenfalls Stoffe, die gegen Fieber wirken und oft auch gegen Ruhr und ähnliche Erkrankungen eingesetzt werden.*

VORHERGEHENDE SEITEN
*Dieser Baobab wächst inmitten der riesigen Felsblöcke am Fuß der Steilhänge des Bandiagara-Hochlandes in Mali.*

UNTEN
*Der wöchentliche Markt in Tireli, einem Dogon-Dorf in Mali, findet unter uralten Baobabs statt.*

weise haben Baobabs eine bemerkenswerte Regenerationsfähigkeit und können es verkraften, wenn die Borke großflächig entfernt wird.

In Afrika sind die eiförmigen Früchte des Baobabs eine wichtige Nahrungsquelle. Die holzige Schale umschließt das Fruchtfleisch und die Kerne, die beide essbar sind. Das Fleisch hat einen angenehmen, säuerlichen Geschmack. Getrocknet kann es mit Wasser zu einem erfrischenden Getränk gemischt werden. Die Frucht enthält Zitrus- und Weinsäure, die für die Ernährung von Nomadenvölkern sehr wichtig sind. Diese Säuren werden von den Hirtenvölkern Afrikas auch genutzt, um Milch gerinnen zu lassen. Kommerziell werden sie als Gerinnungshilfe für Kautschuk eingesetzt.

Die Kerne der Baobabfrüchte – die einen hohen Eiweiß- und Ölgehalt aufweisen – werden normalerweise pur gegessen oder zusammen mit Hirse zur Herstellung einer

Schleimsuppe verwendet. Sie können auch zu einer Paste gestampft oder zur Ölgewinnung weiterverkauft werden. Andere essbare Teile des Baumes sind die von keimenden Sämlingen produzierten jungen Sprossen, die wie Spargel gegessen werden. Junge Blätter werden manchmal für Salate verwendet, sie sind außerdem ein wichtiges Futtermittel sowohl für Haus- als auch wildlebende Tiere. In der Nordprovinz werden von den Einheimischen auch auf den Baobabs lebende Raupen gesammelt und verzehrt.

Der Stamm des Baobabs wird im Alter meist hohl, in manchen Regionen greifen die Menschen aber der Natur vor und höhlen die Bäume selbst aus. Viele alte Bäume weisen in ihrem Inneren beträchtliche Hohlräume auf, und über die Jahrhunderte wurden diese auf z. T. außergewöhnliche und phantasievolle Weise genutzt. So erwies sich der Hohlraum innerhalb des Baumes als idealer Aufbewahrungsort für Getreide, Wasser oder sogar Vieh. Größere Baobabs dienten sogar als Wohnstätte für Menschen. Im Senegal fungierten viele solcher Hohlräume als Gemeindeverwaltungen, manchmal ist sogar das Amtssiegel außen in den Stamm geschnitzt.

In Südafrika wurde ein anderer Baum, der in dem Ruf steht, fast 6000 Jahre alt zu sein, im Inneren zur Bar umfunktioniert, mit Zapfhähnen, Kühlschrank und allem, was sonst noch dazuge-

UNTEN

*Die aus der Bastschicht unter der Borke des Baobabs gewonnenen Fasern dienen zur Herstellung von Seilen und Körben.*

hört. Diese Bar befindet sich auf einer Farm in der Nähe von Duiwelskloof in der Nordprovinz und ist heute noch in Betrieb. Sie bietet 56 Personen Platz.

GEGENÜBERLIEGENDE SEITE

*Die riesigen Hohlräume, die im Inneren alter Baobabs entstehen, wurden und werden vielfältig genutzt, u. a. als Gefängnis, Kornspeicher und sogar als komplett ausgestattete Toilette.*

## MYTHEN UND LEGENDEN

Es überrascht nicht, dass ein Baum von solch imponierender Gestalt und solch großer Bedeutung für so viele verschiedene Kulturen wie der Baobab im Mittelpunkt zahlreicher Mythen, Legenden und Aberglauben steht. Anthropologen und Forschungsreisende haben zu Beginn des 20. Jahrhunderts viele davon zusammengetragen. Dabei stellten sie fest, dass der Baum sowohl in Ost- als auch Westafrika als Heimstatt böser Geister galt. In der Nordprovinz Südafrikas glauben einige Menschen heute noch, dass die großen weißen Blüten von Geistern bewohnt sind und dass jeder, der sie pflückt, von einem Löwen gefressen wird. In Senegal und Gambia gab es die Tradition, die Leichen von Dichtern, Musikern und „Dorfnarren" im Inneren von Baobabs abzulegen. Man glaubte, diese Menschen seien von Dämonen besessen und könnten Unglück bringen oder Ernten und Fischgründe vernichten, wenn sie in der Erde oder auf See bestattet würden.

Die folgende Sage, von der es unzählige Variationen gibt, stammt aus dem kenianischen Kilimandscharogebiet. Sie erklärt, wie es kam, dass der Baobab sein heutiges Aussehen erhielt:

„Vor langer, langer Zeit stand ein Baobab neben einem kleinen Tümpel und reckte seine Äste in den Himmel empor. Er schaute auf die anderen Bäume und sah schöne Blüten, zarte Borke und hübsche Blätter. Die Kronen schimmerten farbenfroh, und der Baobab sah all das im Wasser des Tümpels – wie in einem Spiegel. Er wurde ärgerlich, denn seine eigenen Blätter waren sehr klein und seine Blüten kaum sichtbar. Er war dick, und seine Borke ähnelte der runzligen Haut eines alten Elefanten. Der Baum rief Gott an und beschwerte sich bei ihm.

Gott hatte den Baobab geschaffen und war zufrieden mit seinem Werk, da es keine Ähnlichkeit mit den anderen Bäumen hatte. Er liebte die Vielfalt. Was er jedoch überhaupt nicht ertragen konnte, war Kritik. Er fragte den Baum, ob er das Flusspferd schön fände und ob ihm der Schrei der Hyäne gefiele. Dann stieg Gott wieder in die Wolken hinauf. Er wollte allein sein, um in Ruhe nachdenken zu können.

Der Baobab hörte nicht auf, sich selbst im Spiegel zu betrachten und sich zu beschweren. Also stieg Gott wieder herab, ergriff den Baobab, hob ihn hoch und setzte ihn umgedreht wieder in die Erde. Danach besah sich der Baobab nie wieder im Spiegel und beschwerte sich auch nicht mehr. Alles war wieder in der richtigen Ordnung."

## DAS RÄTSEL VON MADAGASKAR

Es ist erstaunlich, dass nur eine Baobab-Art, *Adansonia digitata*, auf dem gesamten afrikanischen Kontinent verbreitet ist, dass es auf der Insel Madagaskar neben dieser Art aber noch sechs weitere gibt. Der Grund für das Auftreten der einzigartigen madagassischen Baobabs ist nach wie vor rätselhaft. Man vermutet jedoch, dass außergewöhnliche Evolutionsbedingungen nach der Abtrennung Madagaskars vom afrikanischen Festland zur Entstehung dieser sechs zusätzlichen Arten führten.

LINKS

*Der spektakulärste der endemischen Baobabs ist* A. grandidieri, *den die Madagassen als „Mutter des Waldes" bezeichnen. Dieser Baobab ist nur in der Überschwemmungszone und am Ufer von Flüssen in Südwestmadagaskar zu finden. Die dort lebenden Sakalava schätzen seine Früchte und Kerne.*

# KAURIFICHTE

## *Der Herrscher des Waldes*

BOTANISCHER NAME
*Agathis australis*

•

VERBREITUNG
Im Norden der Nordinsel Neuseelands.

•

ÄLTESTES LEBENDES EXEMPLAR
Tane Mahuta im Waipoua Forest: geschätztes Alter 2100 Jahre; Gesamthöhe: 51,50 m; Umfang: 13,70 m; Holzvolumen: 245 m³.

•

RELIGIÖSE BEDEUTUNG
Die Maori glauben, der Baum habe einen eigenen Geist, und verehren ihn wegen seiner enormen Größe und Stärke.

•

MYSTISCHE ASSOZIATIONEN
Wird von den Maori wegen der enormen Ausmaße und der glatten Borke mit dem Wal, dem Herrscher des Meeres, verglichen.

Mit ihren riesigen säulenförmigen Stämmen und dem eleganten Astnetzwerk verleihen die Kaurifichten den Tälern und Bergrücken der neuseeländischen Nordinsel einen unverwechselbaren Charakter. Früher beherrschten sie diese Täler und Gebirgszüge, und so manchen Beobachter inspirierten sie zu einem Vergleich mit gotischen Kathedralen. Sie unterscheiden sich erheblich von ihren Nachbarn im subtropischen Regenwald und können es in der Größe durchaus mit den riesigen Küstenmammutbäumen in Kalifornien aufnehmen. Es wird vermutet, dass die größten noch lebenden Exemplare über 2000 Jahre alt sind.

Diese riesigen Bäume gehören einer extrem alten Pflanzenfamilie an, den Araucariaceae, die vor dem Aufkommen der Dinosaurier und dem Auseinanderbrechen des Urkontinents Gondwanaland sehr zahlreich waren. Es gibt zwar dreizehn andere Kauri-Arten und dazu noch zwei Unterarten, die in den tropischen Regionen Australiens, Melanesiens, Neuguineas, der Philippinen, Celébes, Borneos, Sumatras und der malaiischen Halbinsel vorkommen, die Südliche Kaurifichte *(Agathis australis)* ist jedoch nur in Neuseeland zu finden. Zu den entfernteren Verwandten der Kaurifichte gehören die Chilenische Araukarie und die Brasilkiefer aus Südamerika sowie die Zimmertanne. Weit im Norden der Nordinsel Neuseelands befinden sich Sumpfgebiete, in denen vom Wasser konservierte mächtige Kaurifichten gefunden wurden, die vor 30 000 bis 50 000 Jahren dort wuchsen.

*Wir gingen durch einen Wald, der so dicht war, dass das Licht des Himmels nicht durch die Bäume drang, die ihn bildeten. Nicht ein Schimmer des Himmelszelts war zu sehen. Alles war eine Masse gigantischer Bäume, gerade und hoch aufragend, deren ausladende Äste oben zusammentrafen und eine endlose Dunkelheit hervorriefen.*

AUGUSTUS EARLE

Vor der Ankunft der Europäer waren schätzungsweise 1,6 Millionen Hektar der Nordinsel Neuseelands von Kauriwäldern bedeckt. Kapitän Cooks begeisterte Beschreibungen der Wälder, die er im Jahre 1769 erstmals sah, zogen die ersten europäischen Holzfäller an. Cook (1728–1779) schrieb: „Die Ufer des Flusses waren vollständig vom prächtigsten Holz, das meine Augen je sahen, bekleidet …"

Die Ankunft der Holzfäller sollte jedoch Unheil verheißen, nicht nur für die Kaurifichten, sondern auch für die Kultur der Maori, die den Bäumen große Verehrung entgegenbrachten. Es folgte die großflächige Zerstörung der alten, majestätischen Kauriwälder: In einem Zeitraum von gerade einmal 150 Jahren schrumpfte ihre Fläche auf nur ca. 7455 Hektar zusammen.

In der zweiten Hälfte des 20. Jahrhunderts hat der Mensch den wahren Wert der Kauriwälder wieder zu schätzen gelernt. Heute gibt es eine Reihe von Schutzgebieten, in denen die verbleibenden Riesen für die Nachwelt erhalten werden. Hier kann man zwischen Bäumen spazieren, die schon seit 2000 Jahren an ihrem Platz stehen, und kann

dem Exemplar einen Besuch abstatten, dessen gigantische Ausmaße es zum bekanntesten seiner Art gemacht haben: Tane Mahuta – dem Herrscher des Waldes.

Kaurifichten können eine enorme Größe erreichen. Obwohl sich die Liste der „größten" Bäume der Welt ständig verändert, gilt der Baum, den die Maori als Te Matua Ngahere oder „Vater des Waldes" bezeichnen, als der lebende Baum mit dem dicksten Stamm. Sein Stamm hat einen Umfang von 16,40 m und ist bis zu einer Höhe von 10,20 m frei von Ästen. Insgesamt ist der Baum 30 m hoch. Nicht weit entfernt, ebenfalls im Waipoua Forest, steht Tane Mahuta, die größte lebende Kaurifichte. Sie hat zwar einen dünneren Stamm als Te Matua Ngahere – der Umfang beträgt hier 13,70 m –, ist aber mit 51,50 m viel höher, und ihr massiver Stamm erhebt sich fast 18 m, bevor die ersten Äste ansetzen.

Der Umweltschützer Stephen King, der viel Zeit mit dem Studium der alten Kauriwälder verbracht hat, entdeckte vor kurzem einen „neuen" Baum, dem er den Spitznamen „Phantomkauri" gegeben hat. Das hängt damit zusammen, dass dieser Baum ei-

OBEN

*Diese jungen Kaurifichten im Waipoua Kauri Forest haben schon den geraden, astlosen Stamm, der den Baum im 19. Jahrhundert so attraktiv für die Holzfäller machte.*

gentlich schon in den 20er-Jahren entdeckt wurde, dann „verloren ging" und erst in den 70er-Jahren wiedergefunden wurde. Was die Gesamtgröße betrifft, so gilt dieses Exemplar momentan als Nummer Zwei hinter Tane Mahuta. Sein Stamm ist auf 18 m astfrei und hat einen Umfang von über 12 m. Man glaubt, dass er 240 m³ Holz enthalten könnte.

In der Vergangenheit gab es Kaurifichten, die viel größer waren als die heute noch erhaltenen. Es wird geschätzt, dass Tane Mahuta ca. 245 m³ Holz enthält; an den Hängen von Tutamoe, oberhalb von Kaihu in Northland, stand jedoch einst eine Kaurifichte mit dem Namen Kairaru, die Berechnungen zufolge 453 m³ verwertbares Holz enthielt. Dieser außergewöhnliche Baum, der in den 80er-Jahren des 19. Jahrhunderts einem Waldbrand zum Opfer fiel, war also mehr als dreimal so groß wie Tane Mahuta und hatte ein größeres Holzvolumen als die gewaltigsten Küstenmammutbäume der Gegenwart. In der Kategorie Holzvolumen war er zu seiner Zeit der größte registrierte Baum der Welt. Was das Alter betrifft, so wurde das von Tane Mahuta auf der Grundlage von Jahresringuntersuchungen an gefällten Stämmen von gleichem Umfang auf 2100 Jahre geschätzt, Kairaru kann jedoch zum Zeitpunkt seiner Zerstörung durchaus älter als 4000 Jahre gewesen sein.

OBEN

*Kaurifichten wachsen meist in nährstoffarmen Böden. Kleine Sträucher und robuste Gräser bilden den Unterbestand.*

## DER KAURIWALD

Die Kauriwälder von Neuseeland entwickelten sich nur auf der Nordinsel, die ein warmes, subtropisches Klima hat. Als Teil der großen und vielgestaltigen Baumgemeinschaften, die unter diesen Bedingungen florierten, bedeckten die Kaurifichten keine großen, ununterbrochenen Flächen, sondern bildeten Inseln und geschlossene Haine innerhalb der Regen- und Küstenwälder der Region. In diesen Wäldern gab es noch weitere Arten riesiger Bäume, vor allem Steineibenarten wie Totara *(Podocarpus totara)*, Rimu *(Dacrydium cupressinum)* und Kahikatea *(Dacrycarpus dacrydioides)*.

Die Kaurifichten entwickelten sich in Verbindung mit einer Reihe anderer Baumarten sowie mit Kletterpflanzen und Sträuchern, die einen dichten Unterbestand bilden. Hohe Gräser, wie z. B. Astelie und Ghaniasegge, bilden inmitten der Wälder oft wunderschöne Bestände, andere typische Pflanzen sind Grasbäume, Farne und Orchideen. Am Waldrand konkurrieren junge Kaurifichten gelegentlich mit kupferfarbigen Celery Pines, behalten jedoch schließlich die Oberhand, da es der von den wachsenden Riesenbäumen geworfene Schatten und die nährstoffarmen Böden meist nicht zulassen, dass sich andere große Bäume in der Nähe etablieren.

Eine merkwürdige Eigenschaft der Kaurifichte, einer sehr alten Koniferenart, be-

GEGENÜBERLIEGENDE SEITE

*Diese Ansicht des Waipoua Forest auf der Nordinsel zeigt die für die Kauris charakteristische Belaubung und die typische Form des Kronendaches.*

steht darin, dass sie während des Wachstums nicht nur ihre Größe, sondern auch ihre Gestalt verändert. Die jungen Bäume, die sehr schnell wachsen, sind schlank, haben einen dünnen Stamm und eine schmale Kegelform. Wenn die Bäume die Hiebsreife erlangen, was im Alter von ca. 100–120 Jahren geschieht, beginnt sich eine ganz charakteristische Krone zu entwickeln. Kurz nachdem diese Kronenbildung angefangen hat, sterben die unteren Äste und fallen ab. Dadurch entsteht der glatte graue Stamm, der für ältere Kaurifichten typisch ist. Die Krone breitet sich weiter aus und bildet schließlich ein immenses System von Ästen und Zweigen. Um diese kopflastige Struktur abzustützen, haben die Bäume starke Pfahlwurzeln, die meterweit in den Boden ragen und an der Basis des Baumes knotige Auswüchse bilden, die zusätzlich Stabilität verleihen.

Im hohen Alter, das viele hundert Jahre betragen kann, wird der Stamm oft hohl. Es bilden sich jedoch neue Wurzeln, die eine direkte Verbindung zwischen der Krone und dem Boden aufrechterhalten, indem sie im Inneren des Baumes nach unten wachsen. Auf diese Weise können die Kaurifichten auch als sehr alte Bäume weiter gedeihen.

*Wenn er [ein Maori] den Wald betritt, befindet er sich inmitten der Nachfahren von Tane, dem Schöpfer, von dem auch er selbst abstammt. Er befindet sich unter seinesgleichen, inmitten der Abkömmlinge des älteren Zweiges der Familie, die von Tane gezeugt wurden und unter seinem Schutz stehen. Wenn also ein Mann des jüngeren Zweiges ein Mitglied des älteren Zweiges töten will – d. h., wenn er einen Baum fällen will –, muss er dafür sorgen, dass sein Tun keine schlimmen Folgen hat, indem er Tane, den Schöpfer der Bäume und des Menschen, beschwichtigt.*

ELSDEN BEST, *THE MAORI CANOE*

Das vielleicht auffälligste Merkmal des Baumes ist sein astloser grauer Stamm, der bis zum Kronenansatz fast völlig zylindrisch ist. Die Kaurifichte hat eine geniale Methode entwickelt, ihren Stamm von parasitären Pflanzen freizuhalten. Immer wenn ein unerwünschter Gast Anstalten macht sich festzusetzen, wird die betroffene Partie der gefleckten Borke einfach abgestoßen. Die gewaltige Krone des Baumes beherbergt hingegen eine Reihe von Epiphyten, darunter Farne und Orchideen.

Damit sich die Bäume vermehren, muss der Pollen der männlichen Kätzchen in Berührung mit den weiblichen Zapfen kommen, die grün und etwa so groß wie ein Golfball sind. Im Herbst werden die winzigen geflügelten Samen von den noch am Baum befindlichen Zapfen freigesetzt, können aber nur einige Tage überleben. Ein paar wenige Samen, die auf geeigneten Boden fallen und noch dazu genügend Licht bekommen, um keimen zu können, gehen auf, genauso wie diejenigen, die vom Wind an den

LINKS

*Tane Mahuta ist die derzeit größte lebende Kaurifichte, verfügt jedoch nur über die Hälfte des Holzvolumens der größten Kaurifichte, die je registriert wurde.*

OBEN UND RECHTS

*Der astlose Stamm der Kaurifichte stößt regelmäßig Borkenteile ab (oben) und verhindert damit das Wachstum von Epiphyten. Auf Beschädigungen reagiert der Baum mit dem Absondern eines Harzes, das in Klumpen gerinnt (rechts) und so vor Pilzen und Holzbohrinsekten schützt.*

OBEN
*Diese Abbildung aus dem 19. Jahrhundert zeigt einen Maori-Krieger, dessen Gesicht mit kunstvollen Tätowierungen bedeckt ist. Als Farbstoff wurde eine Paste aus verbranntem Kauriharz und Haifischöl verwendet.*

Rand des Waldes getragen werden, wo die Wahrscheinlichkeit höher ist, dass sie günstige Bedingungen vorfinden. Der Großteil landet jedoch auf der dicken Laubschicht, die den Waldboden unter den Bäumen bedeckt, und geht zugrunde.

## KAURIHOLZ UND HARZ

Vor etwa 200 Jahren begannen Angehörige der britischen Handelsflotte und Kaufleute aus Sydney mit Kauriholz zu handeln. Die Kaurifichten, die in der Nähe von natürlichen Häfen wuchsen, wurden zuerst gefällt. Bei den Holzhändlern waren die Bäume schon bald heiß begehrt. Sie wurden vor allem als Masten und Spieren für Segelschiffe und später für den Hausbau verwendet. Die Bäume waren so groß, dass eine einzige Kaurifichte ausreichend Material zum Bau von sechs Häusern lieferte. Das honigfarbene Kauriholz erwies sich aber auch als bestens geeignet für die Herstellung von Möbeln und andere Tischlerarbeiten. Bald überstieg die Nachfrage das Angebot, und die Holzfällertrupps stießen von der Küste ins Landesinnere vor. Eine Holzindustrie entwickelte sich, und Kauriholz wurde zum bevorzugten Baumaterial in den Ländern rund um den Pazifik.

Am Ende des 19. Jahrhunderts war rund um das Kauriholz ein bedeutender Industriezweig entstanden; im Laufe der Zeit sollte sich jedoch das von der Pflanze produzierte Harz, der Kopal, als noch wertvolleres Exportgut erweisen. Aus dem hochwertigsten fossilen Harz wurden in der Viktorianischen Zeit Bernsteinperlen und wertvoller Schmuck gefertigt, weicheres Material eignete sich für die Herstellung von weniger wertvollen Schmuckstücken. Lebende Bäume sondern den Kopal aus natürlichen Wunden an Ästen und Borke ab. Das Harz gerinnt klumpenförmig, verschließt die Wunde und bildet so einen Schutz gegen Holzbohrinsekten und Infektionen. Oft sammelt es sich in der Krone oder den Wurzeln des Baumes. Wenn das Harz der Luft ausgesetzt ist oder für lange Zeit im Boden liegt, wird es sehr hart. In der Vergangenheit wurden in großem Stil lebende Bäume angezapft um Kopal zu gewinnen. Dadurch entstanden allerdings beträchtliche Schäden an den Bäumen, und viele gingen ein.

Fossiles Kauriharz ist das Produkt von längst verschwundenen Bäumen. Es überdauerte im Boden und wurde über tausende von Jahren gehärtet. Das Graben nach fossilem Harz wurde zur Beschäftigung vieler Menschen; in den 90er-Jahren des 19. Jahrhunderts gingen ca. 20 000 Personen dieser mühseligen Arbeit nach. Der wichtigste Verwendungszweck für frisches und fossiles Harz war die Herstellung von hochwertigem Lack und später Linoleum.

Das Kauriharz wurde jedoch schon viele Jahrhunderte vor der Ankunft der europäischen Siedler genutzt. Die Maori verwendeten den Kopal, den sie *kapia* nannten, zum Beispiel als Färbmittel für *mokos* oder Tätowierungen. Ausgehärtetes Harz wurde verbrannt und gemahlen, sodass ein feiner, pulverförmiger Ruß entstand. Dieser wurde mit Haifischöl oder Tierfett zu einer blauschwarzen oder grünlichen Farbpaste vermischt. Frühe Tätowiertechniken beinhalteten zwei Schritte, einen Einstich in die Haut und das

Einreiben der farbigen Ruß-Öl-Mischung. War die Wunde abgeheilt, blieb ein tiefsitzender blau-grünlicher Farbpunkt sichtbar. Im frühen 19. Jahrhundert wurde eine Technik entwickelt, bei der kleine Meißel in die Farbe getaucht und direkt in die Haut geschlagen wurden.

*Im Wald überragte die Kaurifichte die anderen Bäume und vom Meer aus bewunderte sie der Wal. Er schwamm ans Ufer, und die beiden Riesen trafen sich. Der Wal bat die Kaurifichte, ihm im Wasser Gesellschaft zu leisten, doch der Baum lehnte ab. Auch der Wal konnte seine Welt nicht eintauschen. So wählten die in Freundschaft Verbundenen einen anderen Weg, ihre Gefühle auszudrücken. Der Wal schlüpfte aus seiner grauen Haut und schenkte sie der Kaurifichte, und auch der Baum zog seine Haut aus und schenkte sie dem Wal.*

ALTE MAORI-LEGENDE

## DIE SICHTWEISE DER MAORI

Die Maori glaubten (und viele tun das auch heute noch), dass es in der sie umgebenden Welt nichts Unbelebtes gäbe. Allen natürlichen Objekten, so glaubte man, wohne ein Geist inne. Die Bäume, die Vögel, die Tiere, die Insekten, sogar Felsen und große Steine hatten der Überlieferung nach dieselben Vorfahren wie das Volk der Maori. Alle stammten vom Himmelsvater und der Erdmutter ab.

In der Welt der Maori besaß die Kaurifichte also nicht nur einen Geist, sondern war mit den Menschen selbst verwandt. Wenn ein Baum gefällt werden sollte, was vorrangig für den Bau von Kanus, Versammlungshäusern und Schreinen geschah, hielten die Maori feierliche Zeremonien ab und sprachen Beschwörungsformeln, da sie die riesigen Kaurifichten als ihre Ahnen ansahen, die wie sie selbst unter dem Schutz von Tane standen – dem Obersten Wesen.

In *The Maori Canoe* schreibt Elsden Best, dass das Fällen eines Baumes niemals leichten Herzens unternommen wurde. Nach der Auswahl des Baumes und der Vorbereitung des Arbeitstrupps mussten andere wichtige Entscheidungen getroffen werden: „Der nächste Schritt ist die Konsultation des Tohunga [weiser Mann oder Priester], der festlegt, an welchem Tag mit dem Fällen begonnen wird. Dazu muss die Mondphase berücksichtigt werden. Wird die Arbeit an einem ungünstigen Tag aufgenommen, wird das Kanu ganz sicher kentern, und die Krieger, die es benutzen, werden besiegt. Wenn es kein Kriegskanu ist, werden die Fischer keinen einzigen Fisch fangen."

Heute ist der Schutz der Wälder für viele Maori gleichbedeutend mit dem Schutz der Heimat ihrer Vorfahren und mit der Bewahrung eines ganz entscheidenden Teils ihres kulturellen Erbes für zukünftige Generationen – die Nachfahren von Tane, dem Herrscher des Waldes. Die Kaurifichte wurde mittlerweile in mehreren Waldreservaten unter Schutz gestellt, und die Regeneration der Bestände wird auf vielfältige Weise gefördert. Langfristiges Ziel ist die Wiederherstellung umfangreicherer Kauriwälder als Steine in einem Mosaik verschiedener Waldtypen, die für die neuseeländische Nordinsel typisch sind.

## DAS WAKA

Das Kriegskanu der Maori wurde oft aus Kauriholz hergestellt. Es war ein beeindruckendes Boot; das größte konnte neunzig Krieger aufnehmen und sich auf dem offenen Meer pfeilschnell bewegen. Die Maori glaubten, dass ihre Kanus trotz der Existenz Furcht einflößender Meeresgeister vor allen Gefahren gefeit wären, wenn alle Rituale und Tabus eingehalten wurden. Sollte ein Kanu hergestellt werden, wurde zuerst ein passender Baum ausgewählt. War der Baum gefällt, wurde in einer feierlichen, vom Tohunga geleiteten Zeremonie die Krone vom Stamm getrennt. Dann wurde der Stamm ausgehöhlt und schließlich eine Galionsfigur geschnitzt. Nun konnte das Kanu auf einem Fest gesegnet werden.

LINKS

*Dieses imposante Kriegskanu der Maori trägt den Namen Ngatokimatawhaorua. Sein Rumpf aus Kauriholz ist 30,50 m lang und kann achtzig Krieger aufnehmen.*

# TOTARA

*Der heilige Baum der Maori*

BOTANISCHER NAME
*Podocarpus totara*

•

VERBREITUNG
Nord- und Südinsel Neuseelands.

•

ÄLTESTES BEKANNTES EXEMPLAR
Der Pouakani-Baum auf der Nordinsel ist 1800 Jahre alt. Er hat einen Stammdurchmesser von 3,60 m und eine Höhe von 55 m.

•

RELIGIÖSE BEDEUTUNG
Die Maori glauben, der Baum habe einen Geist und sei derselben Abstammung wie sie selbst. Sie halten ihn deshalb für einen älteren Verwandten.

•

GEFÄHRDUNGSSTATUS
Viele der größten Bäume befinden sich jetzt in Schutzgebieten; die Art selbst steht jedoch nicht unter Schutz, sodass Totaras auf Privatland nach wie vor geschlagen werden dürfen.

Die Totara *(Podocarpus totara)* ist einer der schönsten und wichtigsten Bäume Neuseelands, der heutzutage aber nur noch an einzelnen, isolierten Standorten vorkommt. Das Pureora-Waldreservat, das sich auf dem Hauhungaroa-Gebirgszug vom Lake Taupo im Westen bis Te Kuiti im Osten erstreckt, ist einer der letzten Zufluchtsorte dieses Baumes. Kleine Farne und Büsche bilden die Boden- und Strauchschicht des Waldes, größere Bäume die untere und mittlere Baumschicht. Die Riesen des Waldes, wie z. B. die Totara, ragen noch darüber hinaus.

Die Gattung der Steineiben, zu der die Totara gehört, ist eine extrem alte Baumgattung. Sie entwickelte sich schon lange bevor die Inseln, die heute Neuseeland bilden, vor ca. 150 Millionen Jahren von den Erdteilen Südamerika, Australasien, Afrika und Asien abgetrennt wurden. Fossilienfunde belegen, dass sich die Steineiben Neuseelands über die letzten 70 Millionen Jahre botanisch praktisch nicht verändert haben.

UNTEN

*Der Pouakani-Baum in der Nähe des Pureora-Waldreservats ist 55 m hoch. Sein Alter wird auf 1800 Jahre geschätzt.*

Die Totara kann ein hohes Alter erreichen. Eines der größten und ältesten Exemplare ist der so genannte Pouakani-Baum, der an der Westseite des Pureora Mountain wächst und einen Stammdurchmesser von 3,60 m hat. Vergleiche mit gefällten Bäumen derselben Größe, deren Jahresringe gezählt wurden, haben Fachleute zu der Auffassung kommen lassen, dass dieser Baum 1800 Jahre alt ist. Die Untersuchung alter Baumstümpfe hat ergeben, dass Totaras ein Alter von über 2000 Jahren erreichen können.

## DER BAUM UND SEIN WALD

Die Totara ist ein hoher, eleganter Baum mit einem geraden Stamm, der auf dem Großteil seiner Länge astfrei ist, und eine graue oder rötliche Borke hat, die dick, sehnig und gefurcht aussieht. Sie ist eine Konifere, und ihr Laub und ihre Früchte ähneln denen der Eibe *(Taxus)*. Die Blätter sind schmal und nadelförmig, die Früchte leuchtend rot und fleischig. Es gibt männliche und weibliche Bäume. Die Belaubung wird mit zunehmendem Alter immer spärlicher.

An den Stellen, an denen die Totara sich bis heute gehalten hat, wächst sie meist in Gemeinschaft mit anderen einheimischen Baumarten, so z. B. Rimu *(Dacrydium cupressinum)*, Matai *(Prumnopitys taxifolia)* und Miro *(Prumnopitys ferruginea)*, vor allem auf Böden, die einen hohen Vulkanascheanteil haben und deshalb über eine gute Dränage verfügen. Die Überreste der großen Steineibenwälder beherbergen zahlreiche für Neuseeland typische Vogelarten wie Kereru, Tui, Fächerschwanz, Brillenvogel und Kaka. Es gibt auch Populationen des seltenen Neuseelandfalken, des Nordinselrotkehlchens sowie eines der größten verbliebenen Vorkommen des Kokako.

Viele der ältesten Totaras und Steineibenwälder wären zerstört worden, hätte es im Jahr 1978 nicht eine Reihe von Baumbesetzungen gegeben. Die von dem Umweltschützer Stephen King angeführten Protestierenden schafften es, die Fällung von zahlreichen alten Bäumen zu verhindern und ihnen so das Schicksal der vielen vor der Schaffung des Pureora-Waldreservats gefällten Artgenossen zu ersparen.

OBEN

*Blick auf einen Überrest der ursprünglichen Wälder bei Rotorua auf der Nordinsel. Hier gibt es zahlreiche ausgewachsene Totaras.*

## DIE MAORI UND DIE TOTARA

Totara war das bei den Maori mit Abstand beliebteste Holz. Es wurde sehr vielseitig eingesetzt, vom ganz alltäglichen Hausbau bis hin zu zeremoniellen Schnitzarbeiten. Die Maori waren unwahrscheinlich fähige Holzbearbeiter; ein erfahrener Schnitzer oder Bootsbauer brauchte sich einen Totarabaum im Wald nur anzusehen und konnte sagen, ob er für den beabsichtigten Zweck geeignet war oder nicht. Das Holz der Totara war so gefragt, dass die Maori nach der Entdeckung eines guten Baumes das ihn umgebende Unterholz rodeten, und zwar schon lange bevor das Holz tatsächlich verwendet wurde. Damit machten sie deutlich, dass der Baum reserviert oder *taunahatia* war. Oft ließ man den Baum dann noch jahrelang weiterwachsen, bevor er gefällt wurde.

Hatte man einen Baum gefunden, der sich für ein Kanu eignete, wurde manchmal ein Streifen der Borke vom Stamm geschält. Das führte dazu, dass der Baum faulte. Wurde er dann schließlich gefällt, konnte der Stamm viel leichter ausgehöhlt werden. Besondere Exemplare oder Gruppen von Totaras bekamen oft Namen, so nannten sie den Baum, aus dem das berühmte „Takitimu"-Kanu gebaut wurde, Te Puwenua.

Im Jahre 1920 schrieb ein europäischer Anthropologe, ein gewisser Mr. Barstow, die Kanus seien für die Maori von so lebenswichtiger Bedeutung gewesen – ob nun für

VORHERGEHENDE SEITEN

*Eine der wunderbaren alten Totaras, die durch die Baumbesetzungen im Pureora Forest gerettet wurden.*

Kriege oder als Mittel zur Nahrungsbeschaffung –, dass der Baum, aus dem der als *hiwi* bezeichnete Rumpf gefertigt werden sollte, stets in einem Waldstück ausgewählt wurde, das in dem Ruf stand, ein gutes Omen zu haben. Der *tohunga* oder Priester zelebrierte spezielle Beschwörungen, um das Geschick des fertigen Bootes positiv zu beeinflussen. Ganz besondere Bäume waren manchmal sogar Ursache für kriegerische Auseinandersetzungen zwischen zwei Stämmen. Ein ausgewähltes Exemplar konnte auch an einen Sohn oder Enkel vererbt werden.

## RATAS WAKA

Das ist die Geschichte, in der die Maori schildern, was Rata widerfuhr, der eine Totara fällen wollte, es jedoch versäumt hatte, Tane Mahuta – den Herrscher des Waldes – um Erlaubnis zu fragen:

Vor langer Zeit wanderte Rata traurig am Ufer eines Flusses entlang. Er dachte an seinen Vater, der gerade gestorben war. „Ich muss ihn nach Hause bringen", dachte Rata, „aber wie soll ich das anstellen?"

Er starrte auf die Bäume des Waldes und sagte zu sich selbst: „Ich brauche ein Waka, ein Kanu, das groß genug ist, um viele Krieger aufzunehmen."

Er ging durch den Wald und suchte nach einem geeigneten Baum. „Miro ... Rimu ... Kahikatea ... Tanekaha ... Totara. Ja, es soll eine Totara sein."

Früh am nächsten Morgen kehrte Rata in den Wald zurück und fällte den Totarabaum. Als er am nächsten Tag wiederkam, lag der Stamm nicht mehr auf dem Waldboden. Rata schaute auf die Bäume und erkannte mit großem Erstaunen die Totara, die er gefällt hatte. Sie stand hoch aufgerichtet und stolz, als sei sie nie angetastet worden. Rata konnte sich das nicht erklären und hatte auch ein bisschen Angst.

Er hob seine Axt, um die Totara erneut zu fällen. Am folgenden Morgen fand er sie wieder aufgerichtet und schweigend vor. Ein drittes Mal fällte Rata den Baum. Er entfernte die Äste vom Stamm und begann das Innere auszuhöhlen. Als die Nacht hereinbrach, ließ er das halb fertige Kanu stehen und ging nach Hause.

Noch in dieser Nacht nahm er seinen Speer und schlich zurück in den Wald. Als er näher kam, konnte er seltsame Gesänge hören und sah Licht durch die Bäume scheinen. Er hielt den Atem an und kroch näher heran. Dann erstarrte er vor Erstaunen. Vögel schwirrten hin und her. Sie trugen Zweige und Blätter im Schnabel. Tausende von Insekten krochen auf dem Stamm herum, setzen Späne wieder ein und füllten den Hohlraum. Unter den Blicken von Rata verschwand das halb fertige Kanu, und an seine Stelle trat ein glatter Stamm, der im Lichtschein rot glänzte.

## DIE VERWENDUNG VON TOTARAHOLZ

Die Totara war der wichtigste Holzlieferant der Maori. Sie verwendeten das Holz vor allem für Schnitzereien, für den Bau und die Verzierung von Kriegs- und Fischereikanus sowie für den Bau von Wohnhäusern und *marae,* Häusern für zeremonielle Versammlungen. Das Material für die Dächer wurde mit Borkenstreifen am Holzgerüst befestigt. Noch heute wird Totaraholz von den Maori zur Herstellung zeremonieller Gegenstände oder für Schüsseln und andere Gebrauchsgegenstände verwendet. Das Holz lässt sich relativ leicht bearbeiten, splittert jedoch ziemlich schnell, sodass die Schnitzer sehr vorsichtig zu Werke gehen müssen.

LINKS

*Ein Detail der komplizierten Totara-Schnitzereien, die das Versammlungshaus von Waitangi in der Nähe von Paihia schmücken.*

Rata konnte es in seinem Versteck nicht mehr aushalten. Er stand auf und trat ins Licht. Sofort hörte der Gesang auf und das Licht erlosch. Rata war allein. „Kommt zurück", flüsterte er. „Es tut mir Leid, dass ich den Totarabaum gefällt habe. Ich bitte um Vergebung. Ich wollte ihm keinen Schaden zufügen, nur ein Kanu bauen, mit dem ich meinen Vater nach Hause bringen kann."

Er schickte sich an, den schweren Stamm anzuheben. Plötzlich fühlte er, wie dieser sich bewegte, sich langsam drehte, vom Boden abhob und sich auf den Stumpf setzte, von dem er geschlagen worden war. Rata legte die Arme um den Baum und hielt ihn fest umschlungen. Dabei fühlte er, wie Tausende kleiner Füße über seinen Körper und dann auf den Baumstamm rannten. Aber als die Dämmerung kam, war Rata allein. Die Totara war ein drittes Mal wiederhergestellt. „Ich werde nie wieder einen Baum fällen", schwor sich Rata.

„Warum nicht?" fragte eine Stimme hinter ihm. „Du musst aber Tane Mahuta, den Gott des Waldes und der Vögel, um Erlaubnis fragen. Er erschuf all diese Bäume und Vögel für Papatuanuku, die Erdmutter. Frage ihn, wenn du etwas davon verwenden willst."

Rata drehte sich um, er wollte sehen, wer da sprach. Hinter ihm war niemand. Als er gerade gehen wollte, machte sein Herz einen kleinen Sprung: Vor ihm lag ein Kriegskanu. „Meines?" flüsterte er.

„Ja", erwiderte die Stimme, „Ratas Waka."

*Manchmal beschwört ein Mann einen solcherart vorgemerkten Baum immer und immer wieder. Das soll ihn vor den Elementen schützen … damit er nicht von Tawhiri-matea [der Personifizierung des Windes] zerstört wird.*

ELSDEN BEST, *THE MAORI CANOE*

UNTEN

*Teil der Schnitzereien am Rumpf des aus Totaraholz gefertigten Kanus Ngatokimatawhaorua in Waitangi.*

# ANTARKTISCHE SÜDBUCHE

*Die Überlebende von Gondwanaland*

BOTANISCHER NAME
*Nothofagus moorei*

•

VERBREITUNG
Südosten von Queensland und Nordosten von New South Wales, Australien, vom Quellgebiet des Manning River bis zum McPherson Range (Teil der Ostaustralischen Kordillere).

•

ÄLTESTES LEBENDES EXEMPLAR
Wird auf 1000–3000 Jahre geschätzt.

•

GEFÄHRDUNGSSTATUS
In der freien Natur selten.

Die majestätischen Antarktischen Südbuchen *(Nothofagus moorei)* mit ihren moosbedeckten Stämmen und Ästen gehören zu den ältesten Bäumen Australiens. Sie erheben sich aus dem kühlen Dunst, der abgelegene, von Feuchtwald bedeckte Berge und Gebirgsrücken im Osten Australiens einhüllt. Durch die gekrümmten, zottigen Äste, die ausssehen wie ausgestreckte Arme und Finger, bietet ein Hain alter Antarktischer Südbuchen einen bizarren Anblick. Man denkt unwillkürlich an eine geheime Welt, eine mythische Landschaft, in der die Zeit stehen geblieben ist. Diese wunderschönen Bäume, von denen es außerhalb der Nationalparks, in denen sie unter Schutz stehen, nur noch sehr wenige gibt, haben ein relativ kleines Verbreitungsgebiet: von der südöstlichen Ecke von Queensland bis zur nahe gelegenen North Coast und den North Tablelands im Nordosten von New South Wales.

*Viele der Bäume sind gebeugt und knorrig. Das sehr dunkle grüne Laub sieht wunderbar aus, und Form und Erscheinungsbild der Blätter sind hübsch. Insgesamt ist es einer der interessantesten unter unseren Waldbäumen.*

J.H. MAIDEN, *AGRICULTURAL GAZETTE*, NEW SOUTH WALES, 1894

Die sehr langsam reifende Antarktische Südbuche vermittelt den Eindruck, als handele es sich nicht um einen, sondern um mehrere Bäume. Oft sind verschiedene Stämme unterschiedlicher Größe an der Basis miteinander verschmolzen. Diese Stämme sind wie Unterholz ringförmig um einen einstigen Mutterbaum gewachsen. Sie lehnen meist aneinander, sind knorrig, mit großen Maserknollen versehen und wirken wie natürliche Skulpturen. Schon ihre Erscheinung lässt ein hohes Alter vermuten.

Antarktische Südbuchen erreichen in der Regel keinen großen Umfang – das Maximum für einen einzelnen Stamm scheint bei ca. 3 m zu liegen –, sie können jedoch über 50 m hoch und mindestens 3000 Jahre alt werden. Der Baum braucht kühle Temperaturen und konstante Feuchtigkeit, um gedeihen zu können. Deshalb kommt die Antarktische Südbuche von Natur aus nur in Höhenlagen von 600 bis 1550 m über dem Meeresspiegel vor. Im kühlen subtropischen Regenwald Ostaustraliens, in dem viel Regen fällt und sehr häufig Nebel herrscht, hat sie sich als dominierende Art gegen die anderen Regenwaldbäume durchgesetzt. Sie wächst bevorzugt am Ufer von Bächen, an tiefen Schluchten, in denen sich Sturzbäche ins Tal ergießen, sowie auf Bergrücken. Es überrascht daher nicht, dass der Baum früher mit dem Trivialnamen „Bergbuche" bezeichnet wurde. Die Gebiete, in denen die Antarktische Südbuche vorkommt, sind dadurch gekennzeichnet, dass die Zahl anderer Baumarten sehr gering ist; manchmal sind es nur drei, oft sogar nur eine.

Sie wächst auf Waldboden, der von einem Gewirr von Baumfarnen und anderen, kleineren Farnen bedeckt ist. Ihr Stamm und ihre Äste sind kaum sichtbar unter den zahlreichen anderen Pflanzen, die darauf leben. Drahtige Schlingpflanzen, kleine Farne, Moose, Flechten und Orchideen überziehen die knorrigen Bäume. Nachdem er die

GEGENÜBERLIEGENDE SEITE

*Diese alte Antarktische Südbuche wächst auf einem hohen, bewaldeten Bergrücken im Lamington-Nationalpark in Queensland.*

VORHERGEHENDE SEITEN

*Viele der überlebenden Antarktischen Südbuchen wachsen auf den abgelegenen Bergrücken des McPherson Range an der Grenze zwischen Queensland und New South Wales.*

Antarktischen Südbuchen in der Umgebung des Dorrigo Mountain in New South Wales gesehen hatte, schrieb der aus Großbritannien stammende australische Botaniker J. H. Maiden (1859–1925) im Jahr 1894: „Kein Baum im Busch übertrifft sie, was die Menge an epiphytischer Vegetation betrifft, die darauf wächst."

Unter der Hülle aus Moos und anderen Pflanzen hat die Antarktische Südbuche eine schuppige, poröse, dunkelrote Borke. Abgestorbene Borke nimmt eine dunkelbraune Färbung an und wird in großen, unregelmäßigen Platten abgestoßen. Die Zweige sind von einem braunen Flaum bedeckt. Die Blätter des immergrünen Baumes sind glänzend dunkelgrün, lanzettförmig und zur Spitze hin leicht gezähnt. Sie fühlen sich steif und ledrig an und sind ziemlich spröde. Der Baum hat eine kompakte Krone und fast immer eine Reihe absterbender Blätter, die an ihrer Rot- oder Orangefärbung erkennbar sind. Die im Frühjahr neu wachsenden Blätter sind dagegen von einem tiefen Rot. Dieser auffälligen Färbung verdankt die Antarktische Südbuche die früher verwendeten englischen Namen „Red beech" für den Baum und „Negrohead beech" für das Holz.

*Nothofagus moorei* ist eine von mehreren *Nothofagus*- oder Südbuchenarten. Alle sind ursprünglich in Teilen der südlichen Hemisphäre zu Hause und wurden mit der Zeit zu wichtigen Nutzholzlieferanten. In ihrer Bedeutung für die Holzindustrie werden sie nur noch vom Eukalyptusbaum übertroffen. Wegen ihrer Ähnlichkeit mit den Buchen der nördlichen Hemisphäre haben die Botaniker sie meist der Baumfamilie zugeordnet, zu der die echten Buchen (die *Fagaceae*) gehören. In jüngerer Zeit durchgeführte Untersuchungen stützen jedoch die Auffassung, dass die Südbuchen eine viel größere Nähe zur Familie der Birkengewächse *(Betulaceae)* aufweisen und streng genommen eine eigene Familie konstituieren sollten (die *Nothofagaceae*).

## EINE ALTE PARTNERSCHAFT

Über Tausende von Jahren hat sich im Regenwald ein komplexes und störanfälliges System der wechselseitigen Beeinflussung zwischen zahlreichen lebenden Organismen herausgebildet. So leben auf der majestätischen Antarktischen Südbuche eine ganze Reihe von Moosen, Farnen und anderen Epiphyten. Darunter gibt es eine Pflanze, die fast nirgendwo sonst wächst. Es handelt sich dabei um die wunderschöne epiphytische Orchidee *Dendrobium falcorostrum*, eine der größten Orchideen im kühlen subtropischen Regenwald von New South Wales. Einst kam sie auf den Antarktischen Südbuchen so häufig vor, dass sie als „Buchenorchidee" bezeichnet wurde. Heute ist sie allerdings wie ihre Wirtspflanze selten geworden.

LINKS

*Die „Buchenorchidee" bringt zwischen vier und zwanzig Blüten hervor, deren Lippen gelb und violett gezeichnet sind.*

## DIE ENTDECKUNG DER ANTARKTISCHEN SÜDBUCHE

Die Antarktische Südbuche ist eine Überlebende aus uralter Zeit. Vor 200 Millionen Jahren war der antarktische Kontinent von üppiger Vegetation bedeckt. Er bildete einen Teil des Urkontinents Gondwanaland. Fossilienfunde in Kernproben aus dem Eis der Antarktis belegen, dass zu dieser Vegetation auch Verwandte jener *Nothofagus*-Arten gehörten, die bis heute in der südlichen Hemisphäre vorkommen.

Zweifellos kannten und achteten die australischen Ureinwohner die Antarktische Südbuche. Die Aborigines lebten von den Wäldern, in denen dieser Baum vorkam. Seinen offiziellen botanischen Namen bekam er von dem britischen Botaniker Charles Moore (1820–1905), der vom Colonial Office in London im Jahre 1848 zum „Regierungsbotaniker und Direktor der Botanischen Gärten in Sydney" ernannt wurde. Er setzte sich das

Ziel, den wissenschaftlichen Charakter der Gärten wiederherzustellen, die stark vernachlässigt worden waren. Moore war ein leidenschaftlicher Sammler und reiste viel umher. Sein besonderes Interesse galt den Nutzholzbäumen von Queensland und New South Wales, darunter auch der Antarktischen Südbuche. Dieser Baum war 1865 von einem Mr. Carron und einem Mr. W. A. B. Greaves am Upper Clarence River in New South Wales „entdeckt" worden. Moore benannte die Antarktische Südbuche nach Carron (*Fagus carronii* Moore), später wurde sie jedoch eine der neunzehn Arten, die nach Moore selbst benannt wurden.

UNTEN
*Alte Antarktische Südbuchen sind von Moos bedeckt und von Orchideen, Farnen und Schlingpflanzen durchzogen.*

Zu der Zeit, als sie das erste Mal beschrieben wurden (am Ende des 19. Jahrhunderts), waren die Bäume sehr viel zahlreicher als heute. An einigen der hohen Berghänge in New South Wales bildeten sie dichte Wälder. Da das Holz des äußerst langsamwüchsigen Baumes sehr hart ist, geriet der Baum allerdings schnell ins Visier der Holzindustrie, da harte Hölzer besonders begehrt waren. 1894 beschrieb Maiden das Holz wie folgt:

„Es ist das härteste Holz im Busch, und es ist auch sehr schwer … Es besteht kein Zweifel, dass es ein äußerst langlebiges Holz ist … Ich würde es als wertvolles Holz für Wasserleitungen und andere Dinge ansehen, die dem Wasser ausgesetzt sind. Ich bin sicher, dass die Behörden dem Holz eine Chance geben … An großen Bäumen bilden sich oft Maserknollen, von denen Luftwurzeln ausgehen. Das Holz dieser Knollen hat oft eine wunderschöne Form."

Das edle und gleichmäßig strukturierte Holz, das frisch geschlagen rot ist, beim Trocknen aber eine Rosafärbung annimmt, wurde daraufhin in großem Umfang genutzt. Zu den zahlreichen Einsatzgebieten gehörten Klavierbau, Möbeltischlerei und Drechslerarbeiten.

Wegen des starken Einschlags in der Vergangenheit und der sehr langsamen Entwicklung der jungen Sämlinge ist die herrliche Antarktische Südbuche heute in der freien Natur nur noch selten anzutreffen. Das Holz wird jedoch immer noch gehandelt und hat einen hohen kommerziellen Wert. Glücklicherweise stehen zahlreiche Prachtexemplare dieser alten Baumart mittlerweile unter Schutz, da in ihrem natürlichen Verbreitungsgebiet eine Reihe von Nationalparks und Waldschutzgebieten eingerichtet wurden.

# FEIGENBAUM

## *Der heilige Baum der Alten Welt*

BOTANISCHER NAME

*Ficus benghalensis* (Banyanbaum), *Ficus carica* (Echter Feigenbaum), *Ficus religiosa* (Bobaum), *Ficus sycomorus* (Eselsfeige, Maulbeerfeigenbaum, Sykomore)

•

VERBREITUNG

*Ficus*-Arten kommen in allen tropischen und einigen gemäßigten Regionen vor.

•

ÄLTESTES LEBENDES EXEMPLAR

Der Bobaum in Anuradhapura, Sri Lanka, ist fast 2290 Jahre alt.

•

RELIGIÖSE BEDEUTUNG

Der Banyanbaum wird von vielen Völkern Indiens, Chinas und Südostasiens als heilig verehrt; die Eselsfeige galt den alten Ägyptern als heilig; der Bobaum wird von Buddhisten und Hindus verehrt.

•

MYTISCHE ASSOZIATIONEN

Der Echte Feigenbaum wurde von den Römern wegen seiner Verbindung zu Romulus und Remus in Ehren gehalten. Der Banyanbaum gilt in China und Indien als Heimstatt von Dämonen und Baumgeistern.

Nur wenige Baumgattungen haben die religiöse Bedeutung der Feigenbäume, und nur wenige haben eine so wichtige Rolle in der Geschichte der Menschheit gespielt. Bemerkenswerte Exemplare gibt es rund um die Welt, meist in den tropischen Regionen. Einige haben riesige Ausmaße und eine enorme Krone, andere sind Regenwaldgiganten, die ihre Wirtspflanzen abwürgen, wieder andere gelten Millionen von Menschen als heilig; und es gibt einen ganz besonderen Baum, der im Jahr 288 v. Chr. gepflanzt wurde und heute noch gedeiht.

Weltweit gibt es mehr als 800 Arten des Feigenbaums, die alle zur selben Familie wie der Maulbeerbaum gehören – den *Moraceae*. Sie kommen in allen tropischen und einigen gemäßigten Regionen vor.

Von der Größe her unterscheiden sich die verschiedenen Feigen erheblich: Während einige ausgewachsen nur wenige Meter hoch sind, können andere im tropischen Regenwald mehr als 45 m hoch werden. In tropischen Regionen sind die Bäume meist immergrün, in gemäßigteren Klimazonen dagegen Laub abwerfend.

*Der Feigenbaum, nicht der für seine Früchte bekannte,*
*Sondern der, den die Inder heute kennen,*
*In Malabar von Deccan breitet er seine Arme aus,*
*Mit Ästen so breit und lang, dass im Boden*
*Die gebogenen Zweige Wurzeln schlagen und Töchter wachsen*
*Um den Mutterbaum.*

JOHN MILTON, *PARADISE LOST*, 1667

Der Feigenbaum spielt eine bedeutende Rolle in der Religionsgeschichte und Mythologie verschiedener Teile der Welt. Die Römer verehrten ihn, da es in der Überlieferung von Romulus und Remus hieß, ihre Wiege habe sich an der Stelle, an der später Rom entstand, im Geäst einer Feige verfangen. In China glaubte man, in großen Feigenbäumen lebten Geister, während man auf dem indischen Subkontinent der Auffassung war, mächtige Bäume beherbergten Dämonen. Die Eselsfeige oder Sykomore *(Ficus sycomorus)* war *Plants of the Bible* zufolge in biblischen Landen „eng verbunden mit den Riten und Mysterien der alten Naturreligionen", während der Echte Feigenbaum *(Ficus carica)* die erste Pflanze ist, die in der Bibel namentlich erwähnt wird: als Lieferant der Blätter für den Schurz", mit dem Adam und Eva ihre Blöße bedeckten. Der Echte Feigenbaum wird in der Bibel nicht weniger als siebenundfünfzigmal erwähnt.

## DER BANYANBAUM UND SEINE RIESENKRONE

Der Banyanbaum *(Ficus benghalensis)* wird von vielen Völkern Südasiens als heilig verehrt. Er ist einer der wahrhaft großen Bäume der Erde und kann außergewöhnliche Ausmaße erreichen. Die Krone des Banyanbaumes hat einen so riesigen Umfang, dass der Legende nach Alexander der Große (356–323 v. Chr.) mit seiner ganzen Armee unter einem einzigen Baum Zuflucht und Schutz fand.

Der berühmteste Banyanbaum – was die Größe angeht – steht im Botanischen Garten von Kalkutta in Indien. Er entwickelte sich in der Krone einer Dattelpalme, die vor gerade einmal 200 Jahren im Botanischen Garten wuchs. Aus diesen bescheidenen Anfängen ist ein Baum mit einer der größten Kronen der Welt hervorgegangen. Die Krone hat heute einen Durchmesser von durchschnittlich 131 m. Sie wird von mehr als 1775 Stützwurzeln getragen und kann über 20 000 Menschen Schatten spenden. Es gibt jedoch eine ganze Reihe von Banyanbäumen, die erheblich älter, und auch Exemplare, die noch größer sind. Der vielleicht bemerkenswerteste Banyanbaum wächst am Ufer des Flusses Nebudda östlich von Bombay. Dieser Baum hat eine wahrhaft gigantische Krone, deren Durchmesser unglaubliche 194 m beträgt. Die Krone wird von 320 Haupt- und mehr als 3000 kleineren Stämmen getragen. Das Ganze wirkt wie ein Wäldchen, besteht aber tatsächlich nur aus einem einzigen Baum.

In Asien gibt es eine lange Tradition, große Bäume als Sitz von Dämonen und Geistern anzusehen. Banyanbäume kommen in vielen überlieferten Geschichten vor. So heißt es in einer indischen Legende, dass ein großer Banyanbaum zahlreiche Baumgeister beherbergte, die allen, die dem Baum nachts zu nahe kamen, den Hals umdrehten. In China glaubte man, Baumgeister nähmen die Gestalt von Bullen, Schlangen und einer Reihe anderer Tiere an. Einer der am meisten verehrten Bäume in China ist der große Grüne Banyan von Ching.

In biblischen Zeiten kannten auch die Menschen des Nahen Ostens den Banyanbaum. Einige Forscher sind der Auffassung, der Baum des Lebens, der in der Mitte des Gartens Eden wuchs, sei ein Banyanbaum gewesen. Diese Theorie wird dadurch gestützt, dass nur die breiten Blätter dieses speziellen Baumes ausreichend groß waren, um von Adam und Eva zu angemessenen „Kleidungsstücken" zusammengefügt werden zu können.

OBEN

*Ein in den Stamm eines heiligen Feigenbaums in Thailand eingesetzter geschnitzter Buddhakopf.*

## DER BAUM DES WISSENS

*Ficus religiosa* hat verschiedene Trivialnamen; meist wird er als Bo- oder Bodhibaum bezeichnet. Er ist einer der heiligsten Bäume in Indien, Sri Lanka und Nepal und wird sowohl von Hindus als auch Buddhisten verehrt. Der Name Bodhi kann als „Baum des Wissens" übersetzt werden. Die Buddhisten sehen den Baum als Personifizierung von Buddha an, da Buddha vor über 2600 Jahren unter einem solchen Baum erleuchtet worden sein soll, und zwar in Bodh Gaya im Nordosten Indiens. Dieses Ereignis wurde oft in Bildern festgehalten, auf denen Buddha unter einem großen Bobaum mit ausla-

RECHTS UND UNTEN

*Eine große Eselsfeige im Krüger-Nationalpark in Südafrika (rechts). Auf die kleinen herzförmigen Blätter des Bobaumes (unten) werden manchmal religiöse Miniaturen gemalt.*

OBEN

*Ein großer, ausladender Banyanbaum im indischen Bundesstaat Rajasthan. Das Gewirr von Zweigen und Luftwurzeln ist typisch für diese Feigenart.*

dender Krone dargestellt ist. Auf der einen Seite wird er von Dämonen angegriffen, auf der anderen Seite fliehen die besiegten Dämonen. Alten Überlieferungen zufolge wurde dieser ganz besondere Bobaum in Bodh Gaya von der Erdgöttin genährt, und im Augenblick der Erleuchtung Buddhas erblühten alle Blütenbäume der Welt mit einem Schlag und waren kurz darauf schwer von Früchten.

Der Bobaum wird auch von den Hindus verehrt, die sich aus religiöser Überzeugung davor scheuen, ihn zu fällen. In der hinduistischen Religion soll Wischnu (eine der drei größten Gottheiten des Hinduismus) unter einem Bobaum geboren worden sein. Deshalb wird dieser Gott oft auf den herzförmigen Blättern dieses Baumes sitzend dargestellt. Der Bobaum wird oft in Tempelgärten gepflanzt. Von allen heiligen Bäumen Indiens ist er derjenige, dem die größte Verehrung zuteil wird.

*Ficus religiosa* ist ein großer und schnellwüchsiger laubabwerfender Baum, der im Gegensatz zu vielen anderen Feigenarten keine Luftwurzeln ausbildet. Er ist keine Würgepflanze, sondern spaltet seinen Wirtsbaum, wenn er an Größe zulegt. Der Stamm ist zerklüftet und von einer glatten grauen Borke bedeckt. Der Baum hat große herzförmige Blätter, die in einer Spitze auslaufen und auf langen, schlanken Stielen sitzen. Schon die leichteste Brise bewegt das Laub und lässt es schimmern.

Der berühmteste heilige Bobaum von Sri Lanka befindet sich in Anuradhapura, der einstigen Hauptstadt des alten Königreiches Ceylon. Von allen Bäumen der Welt mit bekanntem Pflanzdatum ist er der älteste. Es heißt, dieser Feigenbaum sei aus einem Zweig entstanden, der von dem Baum stammte, unter dem Buddha erleuchtet worden war, und den König Tissa im Jahre 288 v. Chr. zum Geschenk erhielt. Der König pflanzte den Steckling ein und prophezeite, der daraus entstehende Baum würde bis in alle Ewigkeit gedeihen. Von zahlreichen anderen Bobäumen in Tempelanlagen Sri Lankas wird vermutet, dass sie aus Stecklingen vom berühmten Bobaum von Anuradhapura gezogen wurden.

## DER BAUM DES LEBENS UND DES LEBENS NACH DEM TOD

Die Eselsfeige oder Sykomore *(Ficus sycomorus)* ist ein robuster halbimmergrüner Baum, dessen Verbreitungsgebiet sich vom Nahen Osten über Nord- und Zentralafrika bis weit nach Süden erstreckt, bis zur südafrikanischen Provinz Kwa Zulu/Natal. Im Gegensatz zum Banyanbaum wird die seitliche Ausbreitung der Sykomore nicht mithilfe von Luftwurzeln erreicht, sondern der von einer hellbraunen, papierartigen Borke bedeckte Hauptstamm teilt sich in Bodennähe in zahlreiche ausladende Äste. Der Baum ist nicht hoch, in der Regel erreicht er nur 9–12 m. Der Kronendurchmesser beträgt selbst bei großen Exemplaren kaum mehr als 36 m. Die größte Eselsfeige – die wahrscheinlich auch die älteste ist – steht im Krüger-Nationalpark in Südafrika. Vergleiche mit anderen Bäumen, deren Alter bekannt ist, lassen darauf schließen, dass dieser Baum weit über 1000 Jahre alt sein muss.

Die Eselsfeige hatte eine besondere Bedeutung für die alten Ägypter, die imposanten Bäumen große Verehrung entgegenbrachten. Die sehr zahlreich vorkommende Eselsfeige galt als einer der beiden heiligsten Bäume des alten Ägypten. Daher wurde sie oft in ägyptischen Skulpturen verewigt. Manchmal wurde sie als der „Baum des Lebens" dargestellt, der Mythologie zufolge stand eine Sykomore aber auch auf dem Pfad ins Totenreich. Dieser Baum labte die Seelen der Toten, die sich auf ihrer Reise ins Jenseits befanden, mit Speis und Trank.

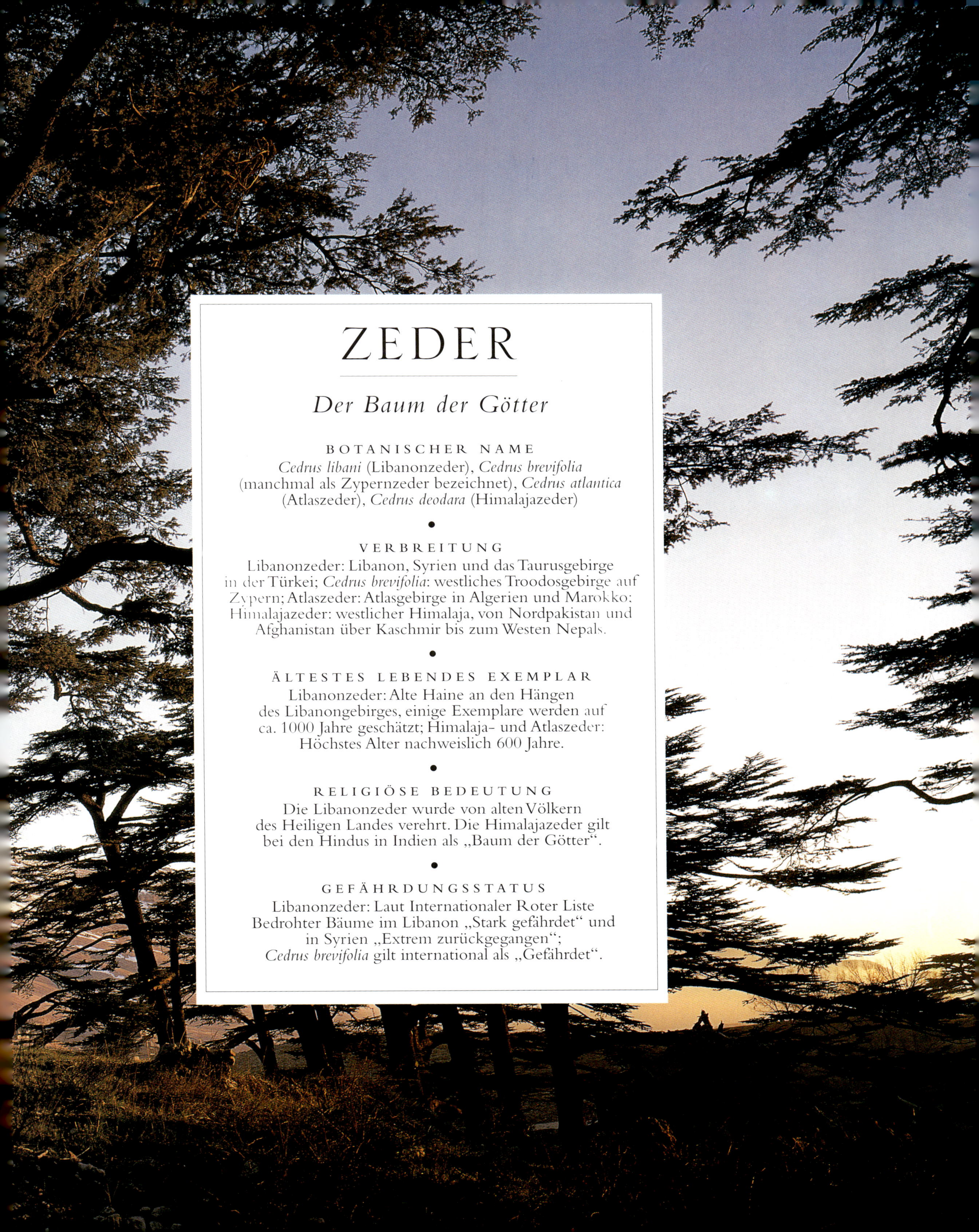

# ZEDER

## *Der Baum der Götter*

BOTANISCHER NAME

*Cedrus libani* (Libanonzeder), *Cedrus brevifolia* (manchmal als Zypernzeder bezeichnet), *Cedrus atlantica* (Atlaszeder), *Cedrus deodara* (Himalajazeder)

•

VERBREITUNG

Libanonzeder: Libanon, Syrien und das Taurusgebirge in der Türkei; *Cedrus brevifolia*: westliches Troodosgebirge auf Zypern; Atlaszeder: Atlasgebirge in Algerien und Marokko; Himalajazeder: westlicher Himalaja, von Nordpakistan und Afghanistan über Kaschmir bis zum Westen Nepals.

•

ÄLTESTES LEBENDES EXEMPLAR

Libanonzeder: Alte Haine an den Hängen des Libanongebirges, einige Exemplare werden auf ca. 1000 Jahre geschätzt; Himalaja- und Atlaszeder: Höchstes Alter nachweislich 600 Jahre.

•

RELIGIÖSE BEDEUTUNG

Die Libanonzeder wurde von alten Völkern des Heiligen Landes verehrt. Die Himalajazeder gilt bei den Hindus in Indien als „Baum der Götter".

•

GEFÄHRDUNGSSTATUS

Libanonzeder: Laut Internationaler Roter Liste Bedrohter Bäume im Libanon „Stark gefährdet" und in Syrien „Extrem zurückgegangen"; *Cedrus brevifolia* gilt international als „Gefährdet".

Viele Menschen betrachten die Zeder als die Königin der Koniferen, unübertroffen in ihrer majestätischen Gestalt und ihrer Aura hohen Alters. Ob in heimischen Gefilden in den Bergen ihrer Heimatländer oder als exotischer Schmuck europäischer Gärten und Parkanlagen – Zedern sind etwas Besonderes in ihrer scheinbaren Zeitlosigkeit und Unsterblichkeit.

Im Bemühen, die Bäume zu klassifizieren, wurden viele verschiedene Koniferen mit dunklem, duftenden Holz als „Zeder" oder englisch „cedar" bezeichnet. So finden sich in beiden Sprachen irreführende Trivialnamen, z. B. Flusszeder, Weißzeder oder Rotzederwacholder im Deutschen, Western red cedar, Alaskan cedar, Chinese cedar oder Japanese red cedar im Englischen. Alle diese Bäume sind jedoch keine Zedern, da es nur vier echte Zedern gibt. Drei davon stammen aus dem Mittelmeerraum, während die vierte im westlichen Himalaja vorkommt.

Wie ihr Name schon sagt, ist die Libanonzeder *(Cedrus libani)* im Libanon heimisch, darüber hinaus aber auch in Syrien und im türkischen Taurusgebirge. *Cedrus brevifolia* kommt ausschließlich auf der Insel Zypern vor, und dort nur in einem eng begrenzten Lebensraum – einigen Tälern an der Westseite des Troodosgebirges. Die Atlaszeder *(Cedrus atlantica)* hat ihr natürliches Verbreitungsgebiet im Atlasgebirge in Algerien und Marokko, während die Himalajazeder *(Cedrus deodara)* in einem Abschnitt des Himalaja heimisch ist, der sich von Pakistan und Afghanistan über Nordindien bis ins westliche Nepal erstreckt.

Alle diese Zedern sind eng miteinander verwandt, so eng sogar, dass der Botaniker und Forschungsreisende Sir Joseph Hooker (1817–1911), der von 1865 bis 1885 Direktor der Royal Botanic Gardens in Kew war, die Auffassung vertrat, sie sollten alle zusammen als eine Art klassifiziert werden. Auch heute sind einige Botaniker noch der Meinung, die auf Zypern vorkommende Zeder sei lediglich eine geografische Variante der Libanonzeder. Der Hauptunterschied zwischen den beiden Arten ist die Größe der Nadeln: Wie es der Name vermuten lässt, sind die von *Cedrus brevifolia* etwas kleiner als die ihrer Verwandten auf dem Festland. In anderer Hinsicht sind sich die Bäume tatsächlich sehr ähnlich.

GEGENÜBERLIEGENDE SEITE

*Herrliche Libanonzedernwälder wie dieser erstreckten sich einst vom Süden des Libanon bis zum Taurusgebirge in der Türkei.*

## DIE BÄUME DES HERRN

Zedern sind diejenigen Bäume, die in der Bibel am häufigsten erwähnt werden. Die meisten dieser Erwähnungen beziehen sich auf die berühmten und gepriesenen Libanonzedern, die in ihrer Heimat schlicht als *al Arz* (die Zedern) oder *al Arz ar Rab* (die Zedern des Herrn) bezeichnet werden. Es ist nicht schwer zu verstehen, warum die Völker der biblischen Lande, darunter auch die Israeliten, diese Bäume so hoch ge-

RECHTS UND UNTEN

*Eine der ältesten Libanonzedern (rechts) in dem in der Nähe von Bcharré an den Hängen des Libanongebirges gelegenen Wald, der unter dem Namen „Zedern des Herrn“ bekannt ist. Die charakteristischen eiförmigen Zapfen der Zedern (unten) sitzen aufrecht auf den horizontalen Zweigen.*

OBEN

*Die schönsten Exemplare von* Cedrus brevifolia *stehen im „Tal der Zedern“ im Troodosgebirge auf Zypern.*

schätzt und verehrt haben: Die Zedern waren ganz sicher die größten, schönsten und noch dazu langlebigsten Bäume, die den Menschen dort bekannt waren. In der Bibel wird die Zeder oft als Symbol für Macht, Stärke und Würde verwendet, für Größe, Mut und Ruhm sowie für Schönheit und Fruchtbarkeit. Im Hohen Lied Salomos werden die Zedern für einen bildhaften Vergleich mit Christus eingesetzt: „Sein Anblick ist wie der Libanon, auserlesen gleich Zedern" (Das Hohe Lied Salomos 5,15).

In einem alten biblischen Mythos wird von einem Engel gesprochen, der während eines schrecklichen Sturms unter einer riesigen Zeder Schutz suchte. Nachdem der Sturm sich gelegt hatte, bat der Engel Gott, diesen Baum, dessen Holz so wunderbar duftete und dessen Schatten so wohltuend war, in der Zukunft eine Frucht tragen zu lassen, die dem Menschengeschlecht von Nutzen sein würde. Diese Frucht war der geweihte Leib Jesu Christi. In einer anderen biblischen Geschichte wird berichtet, Seth, der Sohn Adams, habe einen Steckling vom „Baum des Lebens" auf Adams Grab gepflanzt. Aus diesem Steckling wuchs später ein Baum mit drei Ästen heran: einem aus Zypressenholz, einem aus Zedernholz und einem aus Olivenholz. Aus diesem Baum wurde das Kreuz gemacht, an das Jesus geschlagen wurde.

Etwa 4000 km weiter östlich lösten die majestätischen Himalajazedern bei den hinduistischen Völkern der Himalajaregion im Nordwesten Indiens ähnliche Gefühle aus. Die Bezeichnung *deodara* stammt von den Sanskrit-Wörtern *devadaru* oder *deodaru* und

*Er [Salomo] baute das Libanonwald-Haus 100 Ellen lang, 50 Ellen breit und 30 Ellen hoch mit drei Reihen von Säulen aus Zedernholz und behauenen Zedernbalken darauf. Es war getäfelt mit Zedernholz oberhalb der Gemächer … Ferner schuf er die Thronhalle als Raum für Gerichtssitzungen. Sie war vom Boden bis zur Decke mit Zederngetäfel verkleidet. Dazu kam sein eigenes Wohnhaus im anderen Vorhof einwärts der Halle, das in der gleichen Art gebaut war.*

1. BUCH DER 3 KÖNIGE 7, 2–3, 7–8

bedeutet „Baum der Götter". Der Himalaja, dessen Gletscher den heiligen Fluss Ganges speisen, soll die Heimat der hinduistischen Götter sein. Einige ihrer bedeutendsten Schreine befinden sich in diesem Gebiet. Man glaubt, dass sowohl der indische Gott Schiwa und seine Gattin Parvati als auch Wischnu der Bewahrer in dieser atemberaubend schönen Gebirgsregion leben. Im indischen Bundesstaat Uttar Pradesh, wo es noch ausgedehnte Zedernwälder gibt, befinden sich die höchsten Gipfel Indiens.

Die Himalajazeder bildet ganze Wälder, die oft zu den schönsten und eindrucksvollsten der Welt gerechnet werden. Ihr Verbreitungsgebiet erstreckt sich von Regionen im Norden Pakistans und Afghanistans über Kaschmir in Indien bis zum westlichen Nepal.

Der Baum wächst sowohl an der Südflanke des Gebirges, wo er die ganze Kraft des Monsuns zu spüren bekommt, als auch auf den Hängen und in den Tälern des mittleren Gebirgsteils und in den trockenen Zonen tief im Inneren des Gebirges. Die frostharte Himalajazeder hat den mittleren Teil der Hänge einiger der höchsten Gebirgsmassive der Erde besiedelt. In seinem gesamten Verbreitungsgebiet wurde dieser stattliche Baum wegen seiner Kraft und Schönheit sowie wegen der enormen Größe und des hohen Alters, die er erreichen kann, geschätzt, genau wie seine Verwandten im Libanon, in der Türkei und in Nordafrika.

Die in der Bibel verwendeten hebräischen Wörter für Zeder, *erez* oder *ahrahzim*, sind von einem alten arabischen Wort abgeleitet, das „fest verwurzelter und starker Baum" bedeutet. Dieser Ausdruck passt auf alle Zedern, vor allem ausgewachsene Exemplare. Junge Zedern sind annähernd pyramidenförmig, mit Erreichen der Reife – nach ca. 100 Jahren – und bei ausreichendem Platzangebot flacht sich der obere Teil ab und die Äste breiten sich in der charakteristischen horizontalen Weise aus, sodass eine breit ausladende Krone entsteht. Erwachsene Zedern bieten einen beeindruckenden Anblick. Hugh Johnson schrieb in seiner *Encyclopedia of Trees,* es sei wunderbar, „wie sie ihre majestätische Gestalt präsentieren und schwarze Plateaus bilden ... und sich ausbreiten wie eine schwarze Tafel vor dem Himmel".

Nur wenige andere Koniferen sind so elegant und anmutig wie die Himalajazeder mit ihren herabhängenden äußeren Trieben. In jungen Jahren ist der Baum besonders schön. Er kann zwar die flache, ausladende Krone der Libanon- oder der Atlaszeder bekommen, wächst aber normalerweise mit geradem Stamm in schlanker, spitz zulaufender Form. In der freien Natur helfen die gebogenen Haupttriebe der jungen Himalajazeder dabei, das Geäst des Unterbestandes zu durchdringen und zu einem dominierenden Baum zu werden. Durch die anmutige Pyramidenform, die der Baum auch im ausgereiften Zustand bewahren kann, sowie die hängenden Triebspitzen ist die Himalajazeder relativ leicht von anderen Zedern zu unterscheiden. Gegenüber der Libanon- und der Atlaszeder zeichnet sie sich auch durch längere Nadeln und flaumigere junge Zweige aus. Die Himalajazeder ist oft auch höher als die anderen Zedern. Sie kann in der freien Natur eine Höhe von ca. 76 m und einen Umfang von ca. 14 m erreichen. Ein Merkmal hat sie jedoch mit den anderen Zedern gemeinsam: Die Farbe des Laubes variiert beträchtlich. Normalerweise sind die Nadeln graugrün oder grau, bei älteren Bäumen werden sie dunkelgrün.

Bei der majestätischen Libanonzeder entwickeln sich aus der Basis in Bodennähe meist mehrere große Stämme mit enormen Ästen. Ein solcher Baum kann fast 40 m hoch werden und einen Durchmesser von ca. 4 m erreichen. Dem Dendro-

## DUFTENDE ÖLE

Die Zedern sind bekannt für die in ihrem Holz enthaltenen Duftöle, die auf vielfältige Weise verwendet wurden und werden. In Indien ist das aus der Himalajazeder gewonnene Öl mit seinem würzigen Duft sehr beliebt. In der traditionellen ayurvedischen Medizin wird es unter anderem zur Behandlung von Fieber sowie Erkrankungen der Atem- und der Harnwege verwendet. Die moderne Aromatherapie setzt es bei Dermatitis, Haarausfall und nervösen Spannungszuständen ein. Es soll die „meditative Entspannung und Intuition fördern und Stress abbauen".

LINKS

*Das aus der Himalajazeder gewonnene Öl ist das am wenigsten toxische aller Zedernöle, trotzdem aber ein natürliches Antiseptikum und ein wirksames Mittel gegen Ameisen, Motten und andere Insekten.*

logen Alan Mitchell (1922–1995) zufolge ist das Holzvolumen eines alten Exemplars mit großen Ästen und mehreren Stämmen vergleichbar mit dem „der größten Küstenmammutbäume und vielleicht sogar des Riesenmammutbaums".

Über das Alter der Zedern, die wild in dem Land wachsen, dem sie ihren gemeinsprachlichen Namen verdanken, gibt es unterschiedliche Meinungen. Die ältesten Libanonzedern werden von manchen auf etwa 2500 Jahre geschätzt, dagegen ist der Zedernexperte Dr. Sawsan Khuri der Meinung, sie seien ca. 1000 Jahre alt. Der Baumenthusiast Thomas Pakenham schätzte die „knorrigen und gequälten Bäume", die er 1993 in der Türkei zu Gesicht bekam und die älter als diejenigen im Libanon sein sollen, auf bis zu 1000 Jahre. Da die größten Bäume im Libanon hohl sind, sind exakte Berechnungen ihres Alters sehr schwierig. Die größten Himalaja- und Atlaszedern könnten aber durchaus um die 1000 Jahre alt sein.

OBEN
Cedrus brevifolia *mit den charakteristischen horizontalen Ästen, die ein Merkmal aller ausgewachsenen Zedern sind.*

## SCHÖNE BÄUME, NÜTZLICHE BÄUME

Die spezielle Aufmerksamkeit, die ihr in der Antike zuteil wurde, verdankte die Zeder nicht nur ihrer Schönheit und Langlebigkeit. Ihr duftendes Holz wurde wegen seiner bemerkenswerten Festigkeit, der guten Bearbeitbarkeit und der großen Blöcke, die aus einem Baum geschnitten werden konnten, hoch geschätzt.

Die Himalajazeder ist die indische Konifere mit dem härtesten Holz und einer der wichtigsten Nutzholzbäume des Landes. Das in ihrem Holz – das sich nach dem Fällen gelblich-braun färbt – enthaltene Duftöl macht es besonders robust und widerstandsfähig gegen Termiten. Aus diesem Grund schätzte man es in Indien früher vor allem als Baumaterial für Tempel. In jüngerer Zeit wurde es in großem Umfang für Eisenbahnschwellen und als Material für Balken, Fußböden, Pfosten, Türen und Fensterrahmen, Möbel und religiöse Schnitzereien verwendet, aber auch für Brücken, Fahrzeuge, Masten und Spanten.

Auch die Libanonzeder wurde in ihrem gesamten Verbreitungsgebiet in großem Maßstab genutzt, zuerst von den Mesopotamiern, deren Kultur etwa 4000 Jahre v. Chr. Geburt ihre Blütezeit hatte, von den alten Königen von Assyrien (ab ca. 2500 v. Chr.) und den Herrschern der benachbarten Länder, vor allem für Bauzwecke und zur Verschönerung ihrer Paläste. Von ägyptischen Baumeistern heißt es, sie hätten das Holz schon vor 3000 v. Chr. in ihr Land gebracht – unter anderem für geschnitzte Figuren und für Sarkophage, in denen Mumien bestattet wurden. Die ölige Beschaffenheit des Holzes war ein großer Vorzug gegenüber anderen Hölzern, weil sie verhinderte, dass Insekten den Sarg befielen (und vielleicht die Totenruhe störten). Berühmte Seefahrernationen, darunter die Phönizier und die Venezianer, verwendeten Zedernholz sehr häufig für den Bau ihrer Schiffe.

Am berühmtesten geworden ist das Libanonzedernholz aber sicher durch die Verwendung für König Salomos Tempel in Jerusalem. Salomo (um 965–926 v. Chr.), der dritte König Israels, ließ außer diesem Tempel auch königliche Paläste von großer Pracht bauen. Auch andere bedeutende Gebäude sowie „eine Sänfte ... aus Hölzern vom Libanon" (Das Hohe Lied Salomos 3,9) wurden für diesen großen König gefertigt. In der Bibel heißt es, dass Salomo eine Botschaft an König Hiram von Tyrus (Hafenstadt im Südwesten des Libanon, die heute Soûr heißt) sandte, der schon mit Salomos Vater, Kö-

VORHERGEHENDE SEITEN
*Von dichtem Winternebel eingehüllte alte Zedern in der Nähe von Bcharré.*

nig David, gute Beziehungen gepflegt hatte: „So bin ich denn willens, dem Namen des Herrn, meines Gottes, ein Haus zu bauen … Erteile nun den Befehl, daß mir Zedern vom Libanon gefällt werden!" (1. Buch der 3 Könige 5,19–20).

Salomo schickte daraufhin über 180 000 Männer, die die Bäume fällen und das Holz aufbereiten sollten, darüberhinaus Träger für die notwendigen Vorräte und Aufseher. König Hiram stellte zusätzlich tausende seiner eigenen Männer zur Verfügung, die beim Fällen der Bäume helfen sollten. Es sollten sieben Jahre harter Arbeit vergehen, ehe der Tempel vollendet war. Weitere dreizehn Jahre dauerte es, bis Salomos Palast fertig gestellt war. König Salomo ließ auch das „Libanonwaldhaus", die Thronhalle für Gerichtssitzungen und ein Haus für seine Lieblingsfrau bauen – alles weitgehend aus Zedernholz. Schon die Beschreibungen des Tempels, der 27 m lang und 9 m breit war und über eine 54 m hohe Vorhalle verfügte, vermitteln einen lebhaften Eindruck davon, welche enormen Mengen Zedernholz darin verbaut worden sein mussten: „Die Wände des Hauses umkleidete er inwendig mit Brettern aus Zedernholz … Und er trennte von der Rückseite des Tempels her 20 Ellen durch Zederndielen ab … Zedernverkleidung war im Innern des Hauses angebracht, eingeschnitzte Blumen und Blütengehänge. Alles war aus Zedernholz, kein Stein war sichtbar." (1. Buch der 3 Könige 6, 15–16, 18).

Es steht fest, dass früher ausgedehnte Libanonzedernwälder existierten. Man weiß, dass sie sich in einem durchgehenden Gürtel vom Südlibanon bis zum Taurusgebirge in

UNTEN
*Junge Zedern auf den schneebedeckten Hängen des Libanongebirges.*

der Türkei erstreckten. Weil die Zedern aber über tausende von Jahren wegen ihres Holzes gefällt wurden, sind diese Wälder heute so gut wie verschwunden.

## ALTE ÜBERLEBENDE

Der größte noch verbliebene natürliche Wald aus Libanonzedern ist ca. 100 000 ha groß und befindet sich im Taurusgebirge im Südosten der Türkei. Im Libanon gibt es in einigen Tälern des Libanongebirges nur noch spärliche Überreste der alten Wälder, der größte ist der Shouf-Hain in Barouk. Der berühmteste Hain, in dem aber nur etwa 400 Bäume stehen, befindet sich in ca. 1890 m Höhe in der Nähe von Bcharré im Libanongebirge. Der jüngste der großen Bäume dieses Haines soll ca. 200 Jahre alt sein, während Altersschätzungen für das älteste Dutzend zwischen 1000 und 2500 Jahren liegen. Weitere kleine Zedernwälder gibt es in Tannourine, südlich vom Jabal Aïtou und nördlich vom Jabal Qaraqif.

*Der Gerechte gedeiht wie ein Palmbaum, wie eine Libanonzeder wächst er empor.*

92. PSALM 13

Die Zedern des Libanon sind seit Jahrhunderten Ziel von Pilgern. Im Zentrum des ältesten Haines wurde eine Kapelle errichtet, in der jedes Jahr im August eine als „Fest der Zedern" bezeichnete Zeremonie abgehalten wird. Dabei segnet ein Ältester der Maronitenkirche (Form des Katholizismus, die von einer Gemeinschaft syrischer Christen praktiziert wird) die Bäume und bittet Gott, diesen besonderen Hain zu beschützen.

Der traurige Niedergang der Libanonzedern ist für viele Menschen Grund zu großer Besorgnis. Verschlimmert wird er seit langem noch dadurch, dass weidende Ziegen sich an den Zedernsämlingen gütlich tun und damit eine wirklich durchgreifende Regeneration der Bestände verhindert wird. Im 19. Jahrhundert war Königin Victoria (1819–1901) so ergriffen vom Schicksal der Zedern, dass sie Geld für eine Mauer spendete, die um den berühmtesten Hain gebaut wurde, um ihn vor den Ziegen zu schützen. Auch in jüngerer Zeit wurden Maßnahmen ergriffen, um weidende Tiere fern zu halten, und es wird berichtet, dass sich einige Zedernbestände mittlerweile langsam regenerieren. Aber schon taucht eine neue – eher unerwartete – Bedrohung auf: Skifahrer haben die Hänge in der Umgebung der Stadt Bcharré erobert und schädigen die sich entwickelnden Bäumchen. Nach Aussagen von Dr. Khuri „sind Zedern aber sehr leicht aus Samen zu ziehen, und im Libanon gibt es eine große Zahl von Baumschulen, die Zedernsämlinge für die Wiederaufforstung zur Verfügung stellen."

Die Himalajazeder wurde zwar ebenfalls in großem Umfang genutzt und ist heute noch ein wichtiger Nutzholzbaum in Indien, insgesamt ist es ihr aber besser ergangen als der Libanonzeder. Es gibt noch großflächige natürliche Wälder. Himalajazedern wachsen zwar ab und zu zwischen verschiedenen anderen Bäumen – sowohl Laub- als auch Nadelbäumen –, meist bilden sie jedoch Reinbestände.

In Pakistan und in den indischen Bundesstaaten Kaschmir und Himachal Pradesh lebt ein außergewöhnlicher, mittlerweile gefährdeter Vogel, der Tragopan (ein kurzschwänziger Fasan), ausschließlich in den oberen Bereichen der Zedernwälder. Mit seinem ins Auge fallenden Gefieder (beim Männchen kontrastieren die leuchtend roten Federn an Hals, Kehllappen und Augenpartien mit den rötlich-braunen und schwarzen Federn, die weiß gesprenkelt sind) ist dieser wunderschöne Vogel – selbst ein Objekt der Verehrung – ein würdiger Hüter dieser „Bäume der Götter".

# GINKGO

## *Der Dinosaurierbaum*

BOTANISCHER NAME
*Ginkgo biloba*

•

VERBREITUNG
In China soll es noch einige Bäume in der freien Natur geben, und zwar in den Bergen zwischen den Provinzen Zhejiang und Anwhei. Weltweit als Ziergehölz kultiviert.

•

ÄLTESTES LEBENDES EXEMPLAR
Der höchste Ginkgobaum steht auf dem Gelände des Yon-Mun-Tempels in Südkorea, er ist über 60 m hoch und soll mehr als 1100 Jahre alt sein.

•

RELIGIÖSE BEDEUTUNG
Von Buddhisten in China und Korea und Anhängern des Shintoismus in Japan verehrt und in alten Zeiten als Tempelbaum gepflanzt.

•

GEFÄHRDUNGSSTATUS
In der Internationalen Roten Liste Bedrohter Bäume als „Stark gefährdet“ ausgewiesen.

GEGENÜBERLIEGENDE SEITE

*Ein prächtiger Ginkgobaum im Garten des Kyongbok-Palastes in Seoul, der Hauptstadt Südkoreas.*

UNTEN

*Einer der beiden „Kaiserbäume" am Tanzhe-Tempel in der Nähe von Peking. Beide Bäume sollen 1000 Jahre alt sein.*

IM HERBST BIETET EIN ALTER GINKGOBAUM einen spektakulären Anblick. Die höchsten Exemplare können über 60 m hoch werden, und im Herbst nehmen die apfelgrünen Blätter eine leuchtend goldgelbe Färbung an. Kommt dann noch ein tiefblauer asiatischer Himmel dazu, ist das prachtvolle Bild perfekt. Wenn man es sieht, fällt es nicht schwer zu verstehen, warum dieser Baum in alter Zeit von den Buddhisten verehrt wurde.

Der Ginkgo ist nicht nur ein außergewöhnlich schöner Baum, sondern auch ein weltweit einzigartiger, da er zu keiner der beiden Hauptgruppen von Bäumen – Nadel- und Laubbäume – gehört. Er wird einer eigenen Ordnung *(Ginkgoales)* zugerechnet, von der er als einzige Art überlebt hat. Viele Fachleute glauben, dass der Ginkgo der erste Baum im Verlauf der Evolution war, da er genauso viele Gemeinsamkeiten mit Farnen wie mit Bäumen aufweist. Von westlichen Botanikern wird er oft als „Frauenhaarbaum" bezeichnet, da seine Blätter denen des Frauenhaarfarns erstaunlich ähnlich sehen.

Der Baum hat im Laufe der Zeit die verschiedensten Namen getragen. So wurde er im alten China *I-cho* oder „Entenfußbaum" genannt, weil die Form seiner Blätter an den mit Schwimmhäuten versehenen Fuß einer Ente erinnert. Ein weiterer chinesischer Name war „Patenonkel-Patenkind-Baum", da ein von einem Mitglied der älteren Generation gepflanzter Baum erst eine oder zwei Generationen später Früchte trägt. Der bekannteste Name des Baumes, „Ginkgo", ist die japanische Version des chinesischen Ideogramms, das *yin-kuo* ausgesprochen wird und „Silberfrucht" bedeutet.

Der Ginkgo *(Ginkgo biloba)* ist ein sommergrüner Baum mit einem anmutigen grauen Stamm, der im Alter stark rissig wird. Seine kleinen Blätter geben der Gesamterscheinung etwas Weiches, ohne die eleganten Äste zu verbergen, die steif vom Stamm abstehen. Die Blätter sind fächerförmig und in der Mitte mehr oder weniger tief gelappt. Der Ginkgo ist so alt, dass sein System von Blattadern eine Art Vorläufer der bei allen anderen lebenden Bäumen vorhandenen Systeme ist.

Ein weiteres Merkmal, das nur die Ginkgobäume – die entweder männlich oder weiblich sind – aufweisen, ist ihre Fortpflanzungsmethode. Männliche Bäume produzieren Pollen von Kätzchen, um die von den weiblichen Bäumen produzierten Samen zu befruchten. Die Samen der männlichen Bäume verhalten sich aber auf eine Weise, die an Farne erinnert – sie bewegen sich selbstständig, um den weiblichen Fruchtknoten zu erreichen, da diesen ein Pollenschlauch fehlt.

Der Ginkgo ist ein echtes lebendes Fossil. Er hat die letzten 200 Millionen Jahre praktisch unverändert überstanden. Es ist möglich, dass er der allererste Baum war, der sich in der prähistorischen Landschaft über Farne und Palmfarne erhob, jene alten, palmenähnlichen Pflanzen, die in tropischen und subtropischen Gebieten heimisch sind. Fossilienfunde belegen, dass der Ginkgo einst auf der ganzen Welt verbreitet war, von China bis Kalifornien und von Südeuropa bis zur Insel Spitzbergen jenseits des Nördlichen Polarkreises. Im Londoner Becken bildete er vor 30 Millionen Jahren noch ausgedehnte Wälder.

Der Ginkgo hat sich als wirklicher Überlebenskünstler erwiesen und die vielen großen Herausforderungen der Evolution, die sich im Verlauf von Millionen von Jahren stellten, bestanden. So überlebte er pflanzenfressende Dinosaurier und eine Unzahl anderer pflanzenfressender Lebewesen, die sich entwickelten und später ausstarben.

Seine in der prähistorischen Zeit dominante Stellung verlor der Ginkgo jedoch allmählich an andere Baumarten, und sein Lebensraum verkleinerte sich im Laufe der Jahrmillionen kontinuierlich. Als vor ca. einer halben Million Jahren erstmals Menschen nach Asien kamen, wuchs der Ginkgo nur noch in der Region Chekiang ganz im Osten Chinas sowie in Teilen der heutigen Provinz Sichuan. Heute gibt es zwar Berichte, dass in den Bergen zwischen den Provinzen Zhejiang und Anwhei noch einige Bäume wachsen, meist wird jedoch davon ausgegangen, dass der Ginkgo in der freien Natur ausgestorben ist. Nur den Anstrengungen von Naturschützern und Gärtnern ist es zu verdanken, dass es noch so viele kultivierte Exemplare dieses prähistorischen Überbleibsels zu bewundern gibt.

## TEMPELGÄRTEN

Es waren religiöse Orden der Buddhisten in China und Korea sowie Anhänger des Shintoismus in Japan, die den Ginkgobaum vor dem Aussterben bewahrt haben. Deshalb sind die schönsten Exemplare heute in allen drei Ländern in Tempelgärten zu finden. Es ist nicht genau bekannt, warum gerade der Ginkgo als Tempelbaum auserwählt wurde; fest steht jedoch, dass er schon im achten Jahrhundert als Ziergehölz gepflanzt wurde.

LINKS

*Der herrliche 60 m hohe Ginkgo im Garten des Yon-Mun-Tempels in Südkorea zieht jeden Tag tausende von Besuchern an.*

### ALTE EXEMPLARE

Der gegenwärtig höchste und möglicherweise auch schönste Ginkgo steht im Garten des Yon-Mun-Tempels in Südkorea, ca. 96 km nördlich von Seoul. Es ist ein herrlicher und völlig gesunder Baum, der über 60 m hoch ist und die klassische Kegelform aufweist. Sein Stamm ist 4,50 m dick. Der Tempel, auf dessen Gelände der Baum wächst, befindet sich inmitten einer wilden Gebirgslandschaft und zählt zu den meistbesuchten in Korea. Der Ginkgo von Yon-Mun soll 1100 Jahre alt sein.

OBEN

*Während die Blätter anderer Bäume typischerweise verzweigte Adern aufweisen, gehen die des Ginkgos fächerförmig vom Blattansatz aus und sind nicht miteinander verbunden. Das ist ein Hinweis darauf, dass sich dieser Baum früher als andere entwickelt hat.*

Einer der größten Ginkgobäume in Südkorea hat einen Stammumfang von 13 m. Sein Alter wird auf mindestens 800 Jahre geschätzt. Der Baum soll der Legende nach aus einem Stock gewachsen sein, den ein buddhistischer Priester ablegte, um Wasser zu trinken. Die Einheimischen verehren diesen Baum, da in seinem Inneren eine große weiße Schlange leben soll. Manche glauben auch, es werde eine sehr gute Ernte geben, wenn die Blätter des Baumes im Herbst alle auf einmal gelb werden.

In Korea gibt es noch einige andere große Ginkgobäume, die ältesten Exemplare vermutet man jedoch in China, wo es allerdings kein umfassendes Verzeichnis der ältesten Ginkgos gibt. Ein bemerkenswertes Exemplar steht in der Provinz Shandong. Der Baum hat einen Stammdurchmesser von 5 m und soll Berichten zufolge über 3000 Jahre alt sein.

Auch in Japan gibt es in den Anlagen von Shinto-Tempeln einige große Ginkgos. Es wird jedoch angenommen, dass der Baum erst vor weniger als 1000 Jahren dorthin gelangte. In Japan war es auch, dass Europäer 1722 den Ginkgo erstmals zu Gesicht bekamen, und um das Jahr 1730 wurde er dann von Japan nach Europa gebracht. In Großbritannien gibt es große Bäume, die über 200 Jahre alt sind – der älteste davon steht in den Royal Botanic Gardens in Kew, ganz in der Nähe von London. Er wurde im Jahr 1761 vom Besitz des Duke of Argyll, der sich nicht weit entfernt in Twickenham befand, dorthin umgesetzt. Nach einer Abwesenheit von 30 Millionen Jahren gedeiht der Ginkgo also wieder im Londoner Becken.

## DER GINKGO ALS GEFRAGTER HEILER

Ginkgoblätter enthalten eine Reihe wirksamer Substanzen, die zur Behandlung verschiedener Krankheiten und Beschwerden eingesetzt werden. Der Umsatz, der jährlich mit Ginkgoextrakten gemacht wird, beträgt mittlerweile mehrere Millionen Dollar. In Deutschland werden die Extrakte vorwiegend zur Behandlung von Tinnitus (Ohrgeräuschen) verwendet. In steigendem Maße setzt man pflanzliche Heilmittel, die Ginkgo enthalten, aber auch bei zahlreichen anderen Beschwerden und Leiden ein, bei denen man sich Linderung durch verbesserten Blutfluss verspricht. Zu nennen sind hier Frostbeulen, Schlaganfall (Prophylaxe und Nachbehandlung), die Raynaud-Krankheit (anomal kalte Hände und Füße), Altersdemenz, Schwindel und das Menière-Syndrom (Schwindel und Übelkeit durch Druckanstieg im Innenohr). Um den Bedarf der pharmazeutischen Industrie an Ginkgoprodukten weltweit befriedigen zu können, fördert man in China den Anbau von Ginkgobäumen sowie ihre verstärkte Anpflanzung als Zierbäume.

*Ginkgo biloba* ist frosthart und gedeiht unter den verschiedensten Bedingungen. Der Baum toleriert die verschmutzte Luft in großen Städten und ist sehr widerstandsfähig gegen Schädlinge und Krankheiten. Gärtner haben aus den natürlich vorkommenden Varianten viele verschiedene Ziersorten gezüchtet. In der Stadt werden allerdings meist nur männliche Exemplare als Zierbäume gepflanzt, da die im Herbst von den weiblichen Bäumen fallenden Früchte einen unangenehmen Geruch verströmen.

GEGENÜBERLIEGENDE SEITE

*Dieser von den Einheimischen „Schlangenbaum" genannte südkoreanische Ginkgo ist Gegenstand vieler Legenden.*

## DIE GINKGOFRUCHT

Die rosa-gelben Früchte sind klein, pflaumenartig und hängen paarweise am Zweig. Sie sind berüchtigt wegen ihres Geruchs. Die äußere Hülle der Frucht ist zwar leicht toxisch, die Samen im Inneren der Frucht werden aber seit langem als Nahrungsmittel geschätzt. Die weißlichen oder silbrigen Nüsse werden geknackt, um den Kern freizulegen. Die Kerne werden wie Erd- oder Cashewnüsse geröstet und gelten im Fernen Osten als Delikatesse.

In Korea werden die Früchte aber darüber hinaus auch zu medizinischen Zwecken gesammelt. Während geröstete Ginkgokerne auf den Straßen der großen Städte wie Seoul verkauft werden, stellt man aus den Früchten selbst Heilmittel gegen Husten, Blasenbeschwerden und Asthma her. In China werden die Früchte noch heute auf Hochzeiten serviert, zum einen, weil sie als Symbol der Fruchtbarkeit gelten, zum anderen, weil sie die Verdauung fördern sollen. Ginkgofrüchte finden auch in der Herstellung von Waschmitteln und Kosmetika Verwendung.

### DER GEDÄCHTNISBAUM

In manchen Teilen Chinas gilt der Ginkgo in der traditionellen Heilkunst als „Gedächtnisbaum", da die Blätter Substanzen enthalten, die anregend auf die Hirntätigkeit wirken. Schon in einem der ältesten chinesischen medizinischen Texte, der 3000 v. Chr. geschrieben wurde, heißt es, dass Ginkgoblätter „dem Gehirn nutzen". Jüngere Forschungsergebnisse belegen, dass die in den Ginkgoblättern vorkommenden Terpene – das sind Bestandteile essenzieller Öle – die Blutversorgung durch die Arterien verbessern. Das gilt insbesondere für die Versorgung des Gehirns.

LINKS

*Jüngste medizinische Studien belegen, dass Extrakte aus Ginkgoblättern die Hirntätigkeit bei älteren Menschen mit Gedächtnisstörungen verbessern.*

# ALTE BÄUME UND NATURSCHUTZ

Dieses Buch wurde als eine Würdigung der ältesten Bäume der Welt konzipiert, in der Hoffnung, es möge viele Menschen dazu bringen, sich für die wunderschönen Bäume und Wälder, die es auf unserem Planeten noch gibt, zu interessieren. Das Spektrum der vorgestellten Bäume reicht von den riesigen Mammutbäumen über die gewaltigen Baobabs bis hin zur Welwitschie, dem seltsamen Zwergbaum der Wüste Namib.

Viele der ältesten Bäume der Welt und ihre Lebensräume sind jedoch bedroht. In Kalifornien wurden z. B. im Laufe der 90er-Jahre zahlreiche alte Küstenmammutbäume gefällt. Und trotz der vielen Warnungen und der öffentlichen Aufmerksamkeit, die dem Waldverlust in Amazonien gelten, hat sich das Tempo der Zerstörung dort in den letzten zehn Jahren sogar noch erhöht. Selbst geschützte Arten, wie z. B. die Chilenische Araukarie, sind betroffen und von mehreren Seiten gefährdet – zu nennen sind hier etwa das Fällen von Bäumen anderer Arten, mit denen sie eine Gemeinschaft bilden, oder der Befall durch einen Pilz, der sich auf Grund der indirekten Auswirkungen der globalen Erwärmung zunehmend auszubreiten scheint. Weltweit leiden Bäume und Wälder unter mehr negativen Einflüssen als je zuvor, darunter Luftverschmutzung, Überweidung, Dürre, großflächige Rodung und die Einführung exotischer Arten. So leiden die europäischen Eichen in einem solchen Ausmaß an Krankheiten und Entlaubung, dass ein EU-Projekt ins Leben gerufen wurde, in dessen Rahmen Wissenschaftler verschiedener Disziplinen Strategien erarbeiten, um diese Entwicklung rückgängig zu machen.

Man kann die alten Bäume in drei verschiedene Kategorien einteilen: Bäume in oder in der Nähe von Städten, in einem halb wilden Lebensraum und in der Wildnis, etwa in natürlich gewachsenen alten Wäldern. Viele der alten Bäume, die sich heute in städtischen Gebieten befinden, wie z. B. die großen Linden in Deutschland oder der als El Tule bekannte Baum in der Nähe der mexikanischen Stadt Oaxaca, erfreuen sich meist lokaler Berühmtheit und werden auf die eine oder andere Art geschützt. Dagegen sind die Bäume in halb wilden Lebensräumen meist nur wenigen Menschen bekannt, und viele Exemplare befinden sich auf Privatland, wo sie gar nicht oder kaum geschützt sind.

In manchen Fällen kann Druck der Öffentlichkeit dazu führen, dass Landbesitzer etwas für ihre Bäume tun. Ein Beispiel dafür waren die Proteste, die einsetzten, als einige der alten Eichen (die sog. „Dodders") im Windsor Great Park gefällt werden sollten. Öffentlicher Druck war es auch, der die US-Regierung dazu bewog, 1999 einem Holzunternehmen den letzten großen Redwood-Wald in Privatbesitz abzukaufen. Viele der Baumveteranen in aller Welt stehen jedoch extrem isoliert, oft inmitten der Überreste sehr alter Wälder, und sind daher vor den Augen der Außenwelt verborgen. Alte Bäume sind zwar nur eine der zahlreichen Komponenten, die in ihrem Zusammenspiel ein lebendiges Waldökosystem ausmachen; es wird aber immer deutlicher, dass sie für dessen gutes Funktionieren von entscheidender Bedeutung sind.

Wälder erfüllen eine Reihe lebenswichtiger ökologischer Funktionen für den gesamten Planeten, z. B. Klimaregulierung und Abmilderung der Effekte der globalen Erwärmung durch das „Einschließen" von Kohlendioxid (eines der Treibhausgase). Jüngste Forschungen haben ergeben, dass Baumveteranen innerhalb alter Wälder einen bedeutenden Teil des im gesamten Wald gespeicherten Kohlenstoffs enthalten. Das Fällen solcher Bäume hat deshalb viel weit reichendere Konsequenzen für das Weltklima als das Fällen reifer Bäume in relativ jungen Plantagen. Alte Bäume sind auch sehr wichtig für die Erhaltung der Artenvielfalt, da sie meist Lebensraum für zahlreiche andere Arten sind.

## DIE WWF-KAMPAGNE „FORESTS FOR LIFE"

In den letzten zehn Jahren genossen wir das Privileg, in vielen Wäldern der Welt arbeiten zu dürfen, oft in Kooperation mit dem WWF. Diese Arbeit, vor allem im Rahmen der Kampagne „Forests for Life", gab uns auch den Anstoß für dieses Buch. Der WWF äußert sich selbst wie folgt:

> „Wälder sind von entscheidender Bedeutung für alles Leben auf der Erde. Wälder und Gehölze liefern nicht nur Holz, Medikamente und andere wertvolle Produkte, sie reinigen auch die Luft, die wir atmen, helfen bei der Bekämpfung des Treibhauseffektes, bieten der Urbevölkerung eine Heimat und Lebensraum für zahllose Arten von Pflanzen und Tieren.
>
> Die Wälder verschwinden jedoch in einem alarmierenden Tempo. Während sie sich einst über die Hälfte der Erde erstreckten, bedecken sie heute nur noch ein Drittel der Landoberfläche. Da der WWF erkannt hat, wie wichtig es ist, den Teufelskreis der Zerstörung zu durchbrechen, hat er die Wälder zu einem seiner Aktionsschwerpunkte gemacht.
>
> Mit dem International Forest Programme und der Forests for Life Campaign engagiert sich der WWF dafür, diese fortgesetzten Verluste und Zerstörungen zu stoppen und rückgängig zu machen. In Zusammenarbeit mit nationalen WWF-Büros rund um die Welt betreibt der WWF derzeit mehr als 300 Waldprojekte in über 65 Ländern.
>
> Die Forests for Life Campaign fördert die Einrichtung und praktische Realisierung eines ökologisch repräsentativen Netzes von Schutzgebieten, die am Ende des Jahres 2000 mindestens zehn Prozent jedes Waldtyps der Erde umfassen sollen. Zurzeit befinden sich nur sechs Prozent der Wälder der Erde in Schutzgebieten. Ein weiteres Ziel ist die unabhängige Zertifizierung von mindestens 25 Millionen Hektar gut bewirtschafteten Waldes bis Juni 2001, wobei der Schwerpunkt auf den wichtigsten Holz produzierenden Ländern liegt. Bisher wurden mehr als 17 Millionen Hektar zertifiziert."

WWF-Website: http:\\www.panda.org/forest4life

## ANDERE ALTE BÄUME

Mit dem vorliegenden Buch wurde nicht die Absicht verfolgt, eine vollständige Enzyklopädie der ältesten Bäume der Welt zu schaffen. Im Laufe unserer Untersuchungen haben wir jedoch eine lange Liste zusammengestellt, die mittlerweile auf fast 100 Arten angewachsen ist. Es gibt also viele Baumarten, die wir gern noch aufgenommen hätten, was aber aus Platz- und Zeitgründen unmöglich war. Wir sind jedoch der Auffassung, dass es die folgenden Arten verdienen, wenigstens genannt zu werden:

Die Alerce oder Patagonische Zypresse *(Fitzroya cupressoides)* wird manchmal als der Riesenmammutbaum Südamerikas bezeichnet. Man weiß, dass sie über 3000 Jahre alt werden kann. In den temperierten Regenwäldern Süd-Mittelchiles bildeten diese kolossalen Bäume, deren Stämme fast so groß sind wie die der größten Riesenmammutbäume, einst ausgedehnte Bestände. Diese Wälder wurden jedoch stark dezimiert, und obwohl sich die Bestände junger Bäume regenerieren, sind von den alten Riesen so viele gefällt worden, dass nur ganz wenige übrig sind. Eines dieser verbleibenden Exemplare hat mittlerweile sogar einen eigenen Wächter!

Die Algerische Zypresse *(Cupressus dupresiana)* ist möglicherweise die gefährdetste aller alten Baumarten. Der letzte verbleibende Bestand, zu dem einige über tausendjährige Exemplare gehören, zählt nur noch 150 Bäume.

Einige Fachleute sind der Auffassung, dass der älteste Baum der Welt eine Harzeibe *(Dacrydium franklinii)* in den Wäldern im Südwesten Tasmaniens sein könnte. Man hat dort schon Bäume entdeckt, die mehr als 3000 Jahre alt sind. Bei einigen liegen die Jahresringe so eng beieinander, dass ein Stamm von gerade einmal 30 cm Durchmesser mehr als 1000 Ringe aufweisen kann. Die Harzeibe wurde früher in starkem Maße genutzt, heute stehen die ältesten Exemplare meist in Nationalparks.

In der tasmanischen Wildnis findet sich auch ein weiterer alter Baum, die King Billy Pine *(Athrotaxis selaginoides)*. Von diesem Baum weiß man, dass er weit über 1000 Jahre alt werden kann. Auch er genießt heute Schutz in Nationalparks.

Der Rimubaum *(Dacrydium cupressinum)* kommt auf beiden Inseln Neuseelands vor. Er gehört zur Gattung der Steineiben und war schon Bestandteil des Waldes, der einst den Urkontinent Gondwanaland bedeckte. Das höchste bekannte Alter beträgt 1160 Jahre. Auf der Südinsel Neuseelands werden die Bäume immer noch gefällt, allerdings nicht großflächig. Die geschlagenen Exemplare werden mit dem Hubschrauber aus dem Wald gehoben, damit die umstehenden Bäume so wenig Schaden nehmen wie möglich.

Rund um die Welt gibt es verschiedene Wacholderarten *(Juniperus)*, die ebenfalls sehr alte Exemplare hervorbringen können. Diese sind in der Größe sehr unterschiedlich. In der Türkei gibt es Wacholder von kaum ein paar Metern Höhe, während man in der Sierra Nevada in Kalifornien riesige Exemplare bewundern kann. Oft wachsen sie unter sehr harten Bedingungen, z. B. an den trockenen und erodierten Hängen des Nahen Ostens und der White Mountains in Kalifornien, wo sie neben den Grannenkiefern stehen.

Die Japanische Sicheltanne *(Cryptomeria japonica)* ist eine weitere Kandidatin für die Baumart mit dem ältesten Exemplar. Einem allerdings unbestätigten Bericht zufolge wurde ein Stumpf mit knapp 7000 Jahresringen gefunden.

Der Riesenlebensbaum *(Thuja plicata)*, der in den kühlen temperierten Regenwäldern der nordamerikanischen Pazifikküste heimisch ist, spielt seit tausenden von Jahren eine wichtige Rolle für die Tlingit und andere Indianerstämme. Es ist bekannt, dass er über 1000 Jahre alt und mehr als 60 m hoch werden kann. Die Indianer verwenden das Holz bis heute zum Haus- und Bootsbau und für Totempfähle.

# STICHWORTVERZEICHNIS

*Kursiv gedruckte* Seitenzahlen verweisen auf Abbildungen.

# DANKSAGUNG

Bei den Recherchen zu diesem Buch, der Bebilderung und der gesamten Arbeit haben uns sehr viele Menschen auf die unterschiedlichste Weise unterstützt. Wir sind ihnen allen zu herzlichstem Dank verpflichtet.

Zu allererst müssen wir Francis Sullivan und Alison Lucas vom WWF danken. Sie stellten nicht nur finanzielle Mittel für die zu Beginn unternommene Reise nach Australien und Neuseeland zur Verfügung, sondern glaubten immer an den Erfolg des Projektes.

Überall auf der Welt unterstützten uns Mitarbeiter des WWF. Unser besonderer Dank gilt Dr. Steve Howard und Peter Newborn (WWF GB). Wir möchten auch Sandra Charity und Dr. Alan Hamilton (WWF GB), Chris Elliott (WWF International), Ugis Rotsberg (WWF Lettland), Dr. Lei (WWF China) und Michael Rae (WWF Australien) danken.

Auch die Hilfe durch die Mitarbeiter der Royal Botanic Gardens in Kew wissen wir sehr zu schätzen; wir danken insbesondere Dr. Aljos Farjon und Barbara Lowry, die uns großzügig mit Zeit und fachlichen Ratschlägen unterstützten, Jeffrey Wood, Dr. Pat Griggs, Dr. Geoffrey Kite, Dr. Stuart Henchie, Anne Marshall und Helen Sanderson. Großer Dank gilt auch Laura Ponsonby (ehemals Kew).

Sehr wertvoll waren uns das statistische Material und die vielen Ratschläge, die wir von David Alderman und Pamela Stevenson vom Tree Register of the British Isles (TROBI) sowie von dessen Fachberater, dem bekannten Dendrologen John White, erhielten. Wir danken für die Informationen von Jeroen Pater in Holland und für die Hilfe und Inspiration, die uns durch Al Carder aus Kanada zuteil wurde. Die Liste der Personen, bei denen wir uns unbedingt persönlich bedanken möchten, umfasst auch Dr. Sawsan Khuri (University of Reading), Anna Hallett (Royal Botanic Gardens, Sydney), Niro Higuchi (Instituto Nacional de Pesquisas da Amazonia, Manaus), Dr. Jeffrey Chambers (University of California, Santa Barbara), Dr. Martin Gardner (Edinburgh Botanic Garden), Mark Atterton und Laura Battlebury (World Conservation Monitoring Centre), Libby Simon (Conservation Foundation), Rachel Thackray (Thackray Forrester Communications), Dr. Tim Synott (Forest Stewardship Council, Oaxaca), Garth Nikles (Queensland Forest Research Institute), Dr. Antonio Lara (Universidad Austral, Chile), Patrick Curry (Friends of the Ankerwyke Yew), Ian Aldred (Cheshire County Council), John Gittens (Cheshire Landscape Trust), Brian Ayres (Archeology and Environment Department, Norfolk County Council), Sonia Williams (Crawley Library), Nick Lawrence (Dorchester Reference Library) und Herrn Hannich (Stadtrat Schenklengsfeld). Andere Institutionen, die uns unterstützt haben, sind die Royal Society for the Protection of Birds, die World Pheasant Association, das Goethe-Institut, die Deutsche Tourismuszentrale und das Comité Nacional pro Defensa de la Fauna y Flora (Codeff), Chile.

Wichtige praktische Hinweise und Unterstützung erhielten wir auch von Peter und Edwina Parker und Peggy Hart. Die Hilfe zahlreicher Freunde war unschätzbar für uns; nennen möchten wir hier an erster Stelle den stets geduldigen Terry Jenkins, aber auch Andy Cross (einen ausgezeichneten Botaniker), Peter Salbert (in Deutschland) und Yeo Dong Wan und Juin (in Korea). Sie alle setzten Himmel und Hölle in Bewegung um uns zu helfen. Wir müssen auch unseren guten Freunden Bryan und Cherry Alexander danken, die das Projekt die gesamte Zeit über mit Rat und Tat begleiteten.

Auch den folgenden Personen sind wir zu Dank verpflichtet: Anand Chetan, John Gilchrist, Jack Weber, Richard Dodge, Reynaldo und Alfredo Meliñir, Reynaldo Mariqueo, Stephen King, Richard Head, Ray Oddi, Wilma Rittershausen, Lucinda Lachlin, Sheila Morrissey, Tom und Benita Denny, Emma Parker, Richard Parker, Charles und Debbie Parker, Peter Vinson, Merilyn Thorrold, Mr und Mrs A. Blanchard und Peter Abounader. Martin Bracey, Jesus Ortega, Stephen und Wendy Knight, Victoria Wiles und Emma Adamou halfen, uns und unseren Kindern das Leben erträglich zu machen, während das Buch entstand, und wir bedanken uns bei allen ganz herzlich. Dankbar sind wir auch Tony Lewington für die ständige Ermunterung.

Schließlich möchten wir uns bei Sarah Hoggett und Katie Bent (bei Collins & Brown) sowie Mandy Greenfield für ihre harte Arbeit und ihre Begeisterung für das Projekt bedanken.

Wir haben die große Unterstützung durch so viele Personen und Organisationen dankbar angenommen, möchten jedoch deutlich machen, dass jegliche Fehler und Irrtümer auf unser Konto gehen.

Der Verlag möchte Mandy Greenfield, Liz Cowen und Vicki Robinson für all ihre Hilfe danken.

## BILDNACHWEIS

Die nicht speziell für dieses Buch angefertigten Fotos wurden mit freundlicher Genehmigung der folgenden Rechteinhaber abgedruckt:

Oxford Scientific Films: S. 98 (unten), © Deni Bown; S. 164 (links), © Deni Bown; S. 164 (rechts), © Stan Osolinski; S. 172, © Deni Bown.

Hutchison Library: S. 133, © Christina Dodwell; S. 163; S. 164 (unten links), © John Hatt.

The Royal Botanic Gardens, Kew: S. 158, © J. R. Oddy.